차 속 정원이 지금은 불가능한 것으로 보이지만 도시농업은 자연과학뿐만 아니라 인문사회과학까지 확장해서 종합학문으로 접근하기 때문에 가능하다. 도시농업은 건강한 미래를 위한 블루오션 전략이다.

도시농업은 이미 우리 곁에 있으며, 마음 깊은 곳에서 본능적으로 바라는 흙이 있고, 녹색의 식물 그리고 새와 물고기가 모여 인간과 공생·공존·공영하며 소우주를 꾸려 가는 활동이다.

주말이면 등산을 가고, 골프를 친다. 자연 속에서 운동을 하면서 스트레스를 풀기 위함이다. 농업활동은 자연과 함께 스트레스를 풀고 건강한 체력과 정신을 유지할 수 있는 생산적인 여가 활동이다.

공동체정원은 다양한 사람이 실시간으로 상호 소통할 수 있는 복합체(cluster)를 형성시켜 새로운 아이디어가 창출되고, 통합적 사회 시스템이 만들어진다.

지금 우리가 사서 마시는 물은 세금을 빼면 소주값보다 비싸다. 머지 않은 날에 맑은 공기를 거래하는 시대가 온다. 도시농업은 온실가스를 포함한 각종 오염문제에 대한 효과적인 대안이다.

매일 먹는 농산물은 생명과 같이 소중하다. 우리는 1%의 안전하고 신선한 식량을 손수 생산하여 자급할 수 있다.

땅에 뿌리를 내리고 자라는 식물(농작물)은 태양에너지와 공기를 받아 순환하듯, 도시농업은 생태적 · 사회적 · 경제적 순환의 원활화를 통해 지속가능성을 높이려는 일이다.

도시농업은 건강을 잃어 약을 처방받고 수술비를 내는 치료적 처방이 아니다. 얼굴빛과 미세한 증상만 보고도 저렴하게 건강을 회복할 수 있는 예방적 처방을 하는 것이다.

도시농업은 누구나, 언제, 어디서나, 쉽고 재미있게 즐길 수 있는 건전한 여가활동이다. 자연과 함께 살아 숨쉬는 농촌에 가면, 전통문화 체험을 할 수 있고 농업인의 따뜻한 웃음과 정을 느끼고 온다.

21세기 농업은 즐겁고 보람찬 일이며, 식물 중심에서 인간 중심으로 삶의 질을 높이려는 것이다. 앎을 실천하는 지식인은 아름답다. 그들과 함께 달나라에 무궁화 꽃을 피우고 싶다.

달나라에 무궁화 꽃을 피우고 싶다

밤 하늘에 떠 있는 둥근 달을 보며
옛날에 할머니가 내 손을 잡고 그랬네
달나라에는 토끼가 떡방아를 찧고 있다고
이젠 그 달나라에 무궁화 꽃을 피우고 싶다.

호랑이가 담배 피던 어린 시절 꿈이 있었네
달빛 흐르고 견우와 직녀가 은하수를 건너는 날에
오픈카를 타고 빌딩 숲 사이를 달리는 나를
이젠 저 달나라에 무궁화 꽃을 피우고 싶다.

달 달 무슨 달 우리집 베란다를 밝히는 달
친구네 옥상정원 호박 덩굴과 춤추는 달
도시에서 자연을 즐기며 행복의 달을 바라보자.
이제 우리 달나라에 무궁화 꽃을 피우자고

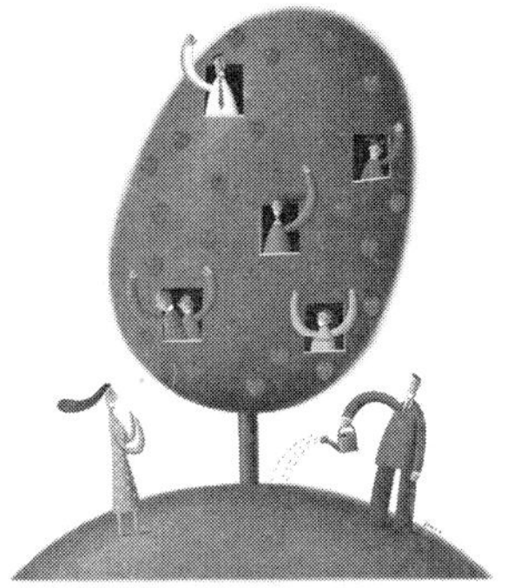

자연과의 만남으로

나와 세상을 치유하는

도시농업

오대민 · 최영애 공저

학지사

추천사

황우석 박사

누렁이와 함께 푸른 초원을 뛰어놀았던 어린 시절, 비록 가난했고 배고팠지만 행복한 추억으로 가득하다. 아마 그 이유는 자연 친화적인 삶을 살았기 때문이라고 생각된다.

지금 우리 사회는 도시화되어 많은 사람이 사무실이나 아파트, 단독주택 할 것 없이 모두 두터운 시멘트로 벽을 두르고 거기다가 다시 단열재를 붙이고 이중, 삼중의 유리창을 설치한 회색공간에 살고 있어 자연과 함께할 수 있는 기회가 점점 줄어들고 있는 것이 매우 안타깝다.

도시농업은 과거에는 존재하지 않았던 새로운 것이 아니라, 과거에도 현재에도 어느 도시에나 진행되고 있는 농업의 한 형태이다.

성리학을 바탕으로 한 『조선왕조실록』에서는 농업을 천하의 근본으로 삼았다. 세종은 왕실 의식에 화초를 갖추어 거행하게 했으며, 상림원(上林苑)에서 새와 짐승을 기르고 꽃과 과실나무를 심어 무성하게 잘 자란다면 국가의 용도에도 보탬이 된다고 생각했고, 상림원에서 키운 화초와 집비둘기를 원하는 백성들에게 나누어 주기도 했다. 이는 조선시대 도시농업의 한 영역이라고 할 수 있다.

독일의 베를린에서는 5만 명의 시민이 농사를 위해 땅을 임대하고 있고, 1만4천 명이 농업에 종사하기 위해 땅의 임대를 희망하는 대기자 명단에 그들의 이름을 올려놓고 있다. 이 역시 선진국의 사람들이 도시농업을 선호하는 것을 보여 주는 대표적인 예라고 할 수 있다.

식물은 햇빛을 받아 광합성 작용을 함으로써 유기물을 생성하고, 흙에서 무기질을 흡수한다. 이렇게 식물이 생성한 물질을 사람과 동물이 먹고 살며, 동물의 시체를 미생물이 분해하여 다시 식물이 살아갈 수 있는 토양을 만드는데, 이것이 곧 자연계의 순환원리다. 도시농업은 바로 이러한 자연계의 순환원리를 적용해 실행하는 일이다.

아무리 도시화되었더라도 삶의 터전인 자연 생태계를 유지하고 자연 속에서 상생의 구도로 살아가는 모습이 곧 우리의 생명을 지키는 일임을 알아야 한다.

도시농업은 도시에서 부족한 자연생활이 가능하도록 도와준다. 즉, 모든 국민이 스스로 꽃을 가꾸며 농작물을 파종하여 기르고 안전한 농산물을 수확, 요리하여 먹을 수 있는 기술을 익히고, 그 행위의 의미를 알아가는 것이며, 식량위기에서 슬기롭게 대처할 수 있는 지혜를 배우는 것이다.

자라나는 어린아이들에게는 생명체의 소중함을 알게 하고, 노인복지 차원에서 농사경험이 있는 어르신들에게는 농사를 하면서 시간을 무료하지 않게 보내고 생산한 농산물을 당당하게 이웃과 식구들에게 제공하여 집안에서의 위치를 굳건하게 할 수 있을 것이다.

아무쪼록 이 책에서 제안한 도시농업이 사회복지정책으로 발전하여 우리 국민 모두의 삶의 질 향상에 기여하길 기대한다.

2005년 9월

수의학박사 황우석

서문

이 책은 우리 사회의 건전한 발전을 위한 농업의 블루오션전략을 제시하고 있다. 우리가 주장하는 도시농업을 통해 환경을 개선하고, 경제의 균형적 성장을 이끌며, 국민 개인들의 삶의 질을 향상시킬 수 있다. 현재의 삶을 개선하고 지속적인 발전을 위한 방안들이 다양하게 제시되는 요즈음, 농업은 신체와 정서, 경제와 환경, 개인과 공동체, 도시와 농촌 모두를 아우르는 통합적 시각을 제시한다.

도시농업은 도시 어느 곳에서나 이루어지는 농업활동과 도시민의 농촌문화체험을 의미한다. 집 거실에서 작은 화분을 키우고, 아파트 공터에서 주민들이 함께 나무를 가꾸며, 도심 건물의 옥상에서 채소를 키우는 모든 행위를 말한다. 현대의 고도화된 산업화, 전문화된 사회에서 농업은 모든 사람들에게 힘들고 어려운 일로 인식되며, 농업시장의 개방으로 경쟁력을 확보하지 못한 사양산업이라는 인식이 깊게 자리잡고 있다. 그러나 농업은 인간과 자연이 교류하는 적극적인 통로이며, 인간이 자연을 배우고 그 속에서 지속가능하게 발전할 수 있는 방안을 모색할 수 있는 매우 능동적인 행동이다.

친환경적인 생활을 위한 많은 방안은 개인의 희생을 강요하기 쉽다. 진보된 사회에서 널리 통용되는 생활방식을 줄이고, 그 이전의 방식으로 생활해야 하는 전략은 개인들에게 불편함을 느끼게 한다. 그러나 도시농업은 우리가 쉽고 재미있게 활동하며 신체적 · 심리적 건강을 증진시키고, 즐거운 실천이 모아져 지구환경개선에 기여할 수 있는 제안을 하고 있다.

도시농업은 나와 우리의 삶을 풍요롭고 건강하게 가꾸어나갈 수 있는 기회를 제공한다. 작은 강낭콩 한 알을 심는 것에서 시작할 수 있는 활동은 나의 몸과 마음의 건강을 가꾸며, 우리의 삶이 더욱 보람 있는 방향으로 나아갈 수 있도록 이끌어 준다. 여기에서 '우리'는 가정의 울타리 안에 있는 가족들일 수 있고, 나의 옆집에 살고 있는 이웃들이 될 수 있으며, 나아가서 내가 살고 있는 도시의 사람들, 그 도시와 연결된 삶을 살아가고 있는 농촌 사람들 그리고 지구에 함께 살아가고 있는 세계 모든 사람이 될 수 있다.

이 책은 크게 세 부분으로 구성하였다. 첫째는 도시농업이란 무엇인가에 대해 설명하였고, 둘째는 도시농업으로 얻을 수 있는 사회적 · 경제적 · 생태적 유익을 담고 있다. 셋째는 보다 쉬운 실행을 돕는 실천방안과 도시농업의 확산과 생활화를 위한 발전방향을 제시하였다.

1, 2장은 도시농업의 개념과 사례를 보여 주고 있다. 기존에 인식되어 온 농업을 새롭게, 폭넓은 시각으로 바라보아야 하며, 도시와 농촌을 하나로 연결된 상생의 관계로 바라볼 때 도시가 건강하게 유지될 수 있음을 설명하고 있다.

3, 4, 5, 6장은 도시농업을 통해 개인과 공동체, 도시, 국가적 차원에서 얻는 유익을 설명하고 있다. 도시에서 활용할 수 있는 다양한 공간에 조성되는 녹지가 지역적 환경개선뿐만 아니라, 나아가 지구적 환경문제를 해결할 수 있음을 담고 있다. 7, 8, 9장은 도시농업의 실행을 위한 제안을 설명하고 있다.

10장은 앞으로 도시농업을 활성화하기 위해 마련해야 할 정책과 인적, 물리적 인프라 및 기술의 발달을 제안하고 있다.

도시농업에 대한 논의를 확장시키면서, 중요하게 담으려 했던 부분은 자연과학 인문사회과학과의 통합이었다. 문제들을 해결하고 앞으로 나아가기 위해서는 자연과학적 측면과 인문사회적 측면이 함께 고려될 때

보다 효과적이라는 믿음에서 출발하였다.

즐겁고 보람찬 일으로서 삶의 질 향상과 사회복지증진을 추구하는 일이 도시농업(都市農業, Urban Agriculture)이다. 이 책이 도시농업에 관심 있는 분들에게 참고가 되고, 풍요로운 삶의 터전을 형성하는 데 보탬이 되었으면 하는 바람이다.

농업이 생소한 분야인데도 이해하고 공감함으로써 출판을 도와주신 김진환 사장님께 감사드린다. 새로운 활로를 도시농업에서 찾으려는 모티브를 가지고 지난 6개월 동안 밤낮 없이 함께 고생한 장유진, 윤수희 선생에게도 고마움을 전한다. 그리고 이 책을 사서 눈과 마음과 손으로 책장을 넘기며 각자 안에서 살아 숨쉬는 그 무엇으로 만들어 주실 독자 여러분께도 감사드린다.

2005년 10월

찬란한 태양이 아름다운 가을 아침에

오대민, 최영애

차 례

1
21세기, 농업이 블루오션이다

차 속 정원이 지금은 불가능한 것으로 보이지만 도시농업은 자연과학뿐만 아니라 인문사회과학까지 확장해서 종합학문으로 접근하기 때문에 가능하다. 도시농업은 건강한 미래를 위한 블루오션 전략이다.

- ■ 자연 그리고 도시와 농촌
- ■ 농업은 인간과 자연의 교섭과정
- ■ 종합학문으로서의 농업
- ■ 도시에서의 농업

1 21세기, 농업이 블루오션이다

21세기에 왜 농업인가?

농업은 식량을 생산하여 경제적 이득을 얻는 생업이나 그 이전에 인간이 자연과 함께 호흡하는 과정이다. 그 과정에서 인간은 삶의 모든 측면에 유익을 얻으며, 결과물로서 식량과 경제적 도움을 받는다. 생태적으로 적합한 환경, 안정되고 건강한 사회, 보다 균형잡힌 경제발전의 바탕에는 농업이 있다.

현대 도시민의 삶은 자연에서 분리되어 있다. 도시라는 인공적인 환경에서 살아가며, 생존에 필요한 식량과 오염물질의 정화는 도시 밖으로 밀어냈다. 그 결과 도시는 더 이상 자립할 수 없으며, 도시민의 삶의 질이 저하되기에 이르렀다. 도시의 소생, 도시민 삶의 질 향상, 지속가능한 미래 건설을 위해서는 도시가 다시 자연을 담아내야 할 것이다. 그리고 실천의 시작으로 도시에서 자연을 만나는 도시농업을 제안하고자 한다.

자연 그리고 도시와 농촌

도시는 단위면적당 높은 에너지 사용으로 인해 많은 에너지 자원(주로 화석연료)이 필요하다. 그 결과 독성폐기물을 발생시키며 독성이 원래의 상태보다 농축된 형태로 배출하게 된다. 또한 식량과 같은 생명유지를 위한 물질보다 금속이나 플라스틱 등의 상업 및 산업용 물질을 더 많이 필요로 한다.

도시는 식량을 거의 생산하지 못하며, 공기의 정화와 물, 무기물을 재순환시키지 못하는 특징을 지니고 있다. 본래 역사 속에서 농경사회의 도시는 자연과 밀접하게 연결된 농촌 속에 존재하였으며 농촌과의 관계가 긴밀하게 이어져 왔다. 그러나 산업혁명을 기점으로 도시는 농촌에서 분리되기 시작하였으며 결국 공간의 공유라는 연결이 약해졌다. 현대사회는 식량과 각종 자원을 농촌에서 공급받고, 폐기물 및 오염물질을 되

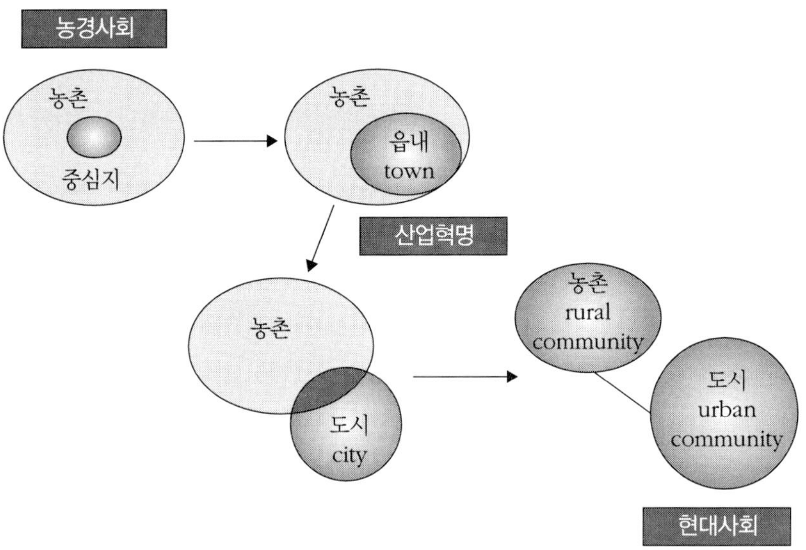

[그림 1-1] 도시와 농촌의 관계 변화

돌려주는 형태의 교환적 관계가 남게 되었다.

이러한 분리는 도시가 커질수록 도시민들은 자신이 살고 있는 도시를 소비 중심의 생활공간으로, 농촌은 식량과 맑은 공기를 제공해 주는 공간으로 이해하게 되었다. 이러한 인식은 도시민의 삶에서 자연이 배제되고 인공적인 환경으로 구성되는 결과를 낳았다.

자연과 분리되어 인간의 생존을 위해 조성된 도시는 현대에 이르러 많은 환경적 문제와 사회적 · 경제적 문제를 지니게 되었다. 오염의 심화와 도시민 삶의 질 저하, 지역 간 경제 불균형 등의 문제는 우리가 자연과 농업 · 농촌으로 눈을 돌려야 할 시점임을 알려 주고 있다.

지구 전체를 아우르는 시각으로 도시를 바라보면 우리가 잃어가는 자연과 멀리 분리되어 있는 농촌을 볼 수 있으며, 도시민의 문제를 해결할 수 있는 대안도 발견하게 된다. 도시는 인간과 관련된 네 가지 환경 중 가장 인위적인 요소를 많이 포함하는 도시/개발환경으로 분류된다. 이와 달리 농촌은 자연 요소에 인간의 노동력을 투입해 생산물을 얻어내는 전원 · 정원/경작환경으로 분류된다.

첫째, 야생/자연환경은 자립과 자급이 특징인 환경을 의미한다. 아마

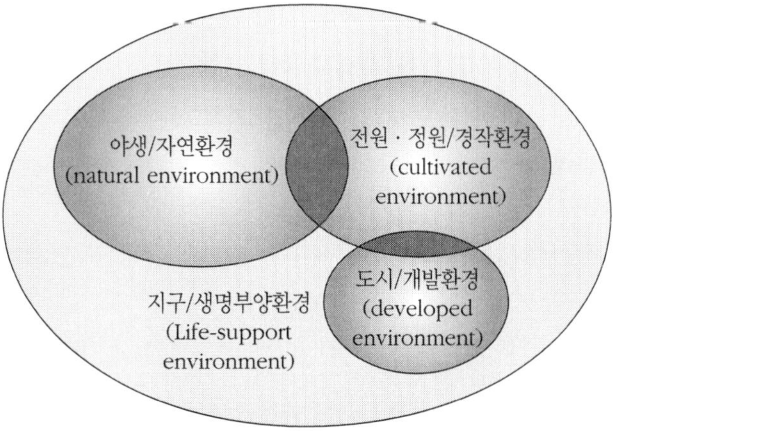

[그림 1-2] 인간에서의 네 가지 환경

존의 열대우림 같은 지역을 예로 들어 설명하면, '야생/자연환경'은 태양에너지와 비, 물의 흐름, 바람 등과 같은 태양 에너지에 의한 간접적인 형태로서의 힘(에너지)에 의존하는 환경이다.

둘째, '농촌'으로서의 전원 · 정원/경작환경은 야생과 도시환경의 중간에 위치하며, 태양 에너지와 더불어 사람이 통제하는 에너지에 의존하는 환경이다. 사람이 만들어 낸 인공 환경(도시/개발환경)과 사람의 의도적인 손길이 미치지 않은 자연환경의 중간에 있으며 우리 생존을 위한 식량, 섬유의 생산과 휴양 및 기타의 이용을 위해 관리되는 환경을 의미한다.

셋째, '도시'의 의미로서 도시/개발환경은 사람이 만들어 낸 공간, 건물, 구조를 포함한 환경을 말한다. 도시는 전체 중 극히 작은 부분을 차지하나, 에너지의 사용이 가장 높은 지역이다. 생존을 위해 야생/자연환경과 전원 · 정원 경작환경에 의존하고 있다.

마지막으로 지구/생명 부양환경은 생명체에게 필수적인 요소들, 예를 들면 식량, 공기, 물 등을 제공하는 지구 전체를 의미한다. 최근에 이루어지는 '환경'의 전체 개념으로서의 '지구환경'은 1960년대 이후 논의되었으며 '전 지구적 환경문제'들과 관련되어 있다. 생물의 다양성이 감소되고, 오존층 파괴와 지구 온난화로 인한 기후 변화 등의 문제들은 지역에 기반한 환경 인식을 통해 해결하기에는 한계가 있다. 인간 삶의 공간 전체로서 지구를 고려해야 한다. 또한 경제 발전과 사회이론에서 말하는 세계화와 관련되어 '지구촌' 의미가 공유되고 있다.

농업은 인간과 자연의 교섭과정

1990년대에 농업에 대한 국민의 인식을 이끌었던 단어는 단연 '신토불이(身土不二)' 였다. 농산물 수입 개방의 국제적 흐름이 강화되면서, 그동안 보호되었던 우리 농업과 농촌은 큰 변화를 맞게 되었다. 신토불이는 이때 우리 농산물이 세계 농산물 속에서 경쟁력을 갖추기 위한 국민적 관심과 지지를 표현했던 단어였으며, 원래 의미보다 축소되어 우리 국토에서 생산된 농산물이 우리 몸에 좋다는 의미로 쓰이게 되었다.

그러나 전통문화의 지혜가 담겨 있는 사상으로서의 '신토불이' 는 보다 철학적이며, 삶의 터전과 우리 일상생활을 아우르고 있다. '신토불이' 에서 '신(身)' 은 생명을 뜻하고 있다. 음식물을 섭취, 소화하며 정신적으로 세상에 대해 사고(思考)하는 보이지 않는 기능이 한데 어우러져 있는 생명체를 뜻한다. 이러한 생명체는 '토(土)' 에서 나오는 '생기' 로 살아 움직이게 된다. 흙으로 해석되는 '토' 는 작게는 토지, 향토, 국토에서 나아가 지구(자연)로 확대되어 해석되는 폭넓은 개념이다. 우리에게 농업의 가치를 설명해 주는 '신토불이' 는 결국 사람과 자연환경이 하나이며, 서로의 생존에 영향을 미치는 관계라고 해석할 수 있다.

신토불이의 사상을 바탕으로 농업을 정의하면, '인간과 자연의 교섭과정' 이라 할 수 있다.[1] 농업의 본질이 작물이나 가축을 생산하여 유용한 유기체적 농산물을 얻는 생업(生業)이라는 경제적 측면에 있음은 분명하나, 우리의 삶과 연결지어 생각해 본다면 생계를 위한 활동 이상의 의미를 내포하고 있다.

'농업' 은 식량 및 섬유의 제공이라는 1차적 농업의 의미뿐만 아니라, 생태 환경적으로 영향을 미치는 2차적 농업과 사회문화적 가치를 지닌

1) 진흥복(1986). 최신 농업경영학. 서울: 선진출판사.

3차적 농업을 포함한다. 2차적 농업은 식물과 동물이 담당하는 환경적 측면에 영향을 미치는 농업을 의미한다. 오염물질을 정화하며, 자연의 순환을 지속시킬 수 있는 등의 역할이 그것이다. 3차적 농업은 사회적 측면으로 인간의 입장에서 이해되는 농업을 의미한다. 즉, 생명체로서 식물과 동물을 양육하고 이용하는 과정에서 얻어지는 심리적 유익과 사회적 상호작용, 문화와 사회의 발전에 기여하는 상호 관계적 측면의 중요

〈표 1-1〉 넓게 바라보는 농업의 세 측면과 그 특징

구 분	특징
1차적 농업 (경제적 측면)	• 토양을 경작하여 식의주(食衣住)를 해결하는 수단 • 영양 균형적 제공(단백질, 지방, 탄수화물, 비타민, 칼슘 등) • 수입 농산물과 함께 단경기가 없는 사계절 풍족한 농산물 시대(21세기)
2차적 농업 (생태환경적 측면)	• 온 · 습도의 균형: 식물의 증산작용으로 온도와 습도 조절 • 생물 다양성 유지: 생태계 회복력을 결정짓는 다양한 생물종 보전 • 장식효과: 조용하고 쾌적한 주거환경 조성 • 방음효과: 자동차, 공장 등 소음 차단(70~80dB-보이지 않는 살인자) • 차광 및 방열효과: 복사열 감소(30℃에서 2~5℃ 낮춤) • 차폐효과: 기능으로서의 식물, 보기 싫은 경관을 감춤 • 공기 오염 물질의 정화: 탄소동화작용(탄산가스 흡수, 산소 생성) • 공기오염 물질 흡수: 먼지나 포름알데히드, 암모니아, 라돈, 일산화탄소 등 유해 휘발성 물질 흡수, 음이온의 발생 • 향기의 방출: 테르펜(terpene), 파이톤사이드(phytoncide)
3차적 농업 (사회문화적 측면)	• 인간의 생리적 · 정서적 · 신체적인 면 등에 영향을 미치는 관점에 대해 우선적으로 관심을 갖고 삶의 질을 향상시키는 복지로서의 특징을 지님 • 식물과 더불어 사람을 포함하며(people-plant interaction) 과거 농업의 생산적인 측면에서 이를 주관하는 인간에게 미치는 영향을 더욱 강조하는 새로운 의미의 농업 • 심리적 안정감, 지적인 만족감, 적정 체중 유지를 위한 운동효과 • 공동체 발전에 기여하며 전통문화의 계승과 새로운 문화 창출 촉진

성을 말하고 있다.

현재 우리가 일상적으로 사용하는 농업의 정의는 1차적 농업에 중점을 두고 있다. 수익을 창출하는 직업으로서의 농업에 집중하며, 경제성이 가치평가의 기준이 되고 있다. 이러한 사실은 도시의 확장과 관련되어 있다. 역사 속에서 인류가 발전하면서 농업을 기반으로 산업이 발생하였다. 잉여생산물이 증가함에 따라 식량 생산(농업)에 종사하지 않더라도 살아갈 수 있는 여건이 형성되고 도시가 확장되었기 때문이다.

따라서 전 인구의 80% 이상이 도시에 살고 있는 우리 사회에서 국민 대다수가 알고 있는 농업은 경제적 차원에서 농업을 의미하게 되었다. 도시민들은 농업이 식량을 공급하고, 자연환경을 보전하는 등 농업이 기여하는 역할의 중요성을 알고 있다. 그러나 농업은 식량을 생산함과 동시에 자연과 접촉이 가장 적극적으로 일어나는 체험의 기회를 갖게 하여 균형 감각을 체득하고 정신적인 풍요로움을 나눌 수 있는 사회로 나아가는 데 중요한 역할을 담당한다. 농업을 통해 사람은 자연의 일원으로서 상생한다는 인식과 대자연 속에 숨겨진 질서와 섭리에 대한 외경, 생명의 존귀함 등을 알게 되며, 인내와 노력, 이웃과의 협동을 체험할 수 있다.[2)]

농업이 우리의 삶에 기여하는 바는 식량 생산과 이로 인해 발생되는 경세적 유익으로써 1차적 농업의 역할을 담당한다. 그와 더불어 농업은 다른 산업을 육성하는 바탕이 될 수 있으며, 자연환경과 국토보전의 가치와 식물 및 동물 유전자원의 보전 가치를 지니고 있다. 또한 생활환경을 정화하고 사회경제의 안정성을 조성하는 등 다양한 차원에서의 가치를 포함하고 있다.

이와 같은 농업 식량생산 이외의 가치를 농업 다원적 기능 혹은 비교역적 기능(non-trade concerns: NTC)이라 부른다. UR 협상과정에서 국내에 처음으로 알려진 농업의 비교역적 기능은 농산물을 생산하는 과정에

2) 김종숙 외(1994). 농업에 대한 국민의식과 사회적 인식 제고 방안. 서울: 한국농촌경제연구원.

서 함께 발생하는 식량안보 기능이나 환경보전과 같은 기능이 시장 가격으로 환산되어 거래되지 않기 때문에 '교역이 되지 않는' 기능이라는 의

〈표 1-2〉 국제기관의 농업 다원적 기능 종류[3)]

발표기관	농업 다원적 기능	
OECD	① 경관(Landscape)	② 종 · 생태계 다양성(Species and Ecosystem diversity)
	③ 토양의 질(Soil quality)	④ 수질(Water quality)
	⑤ 대기의 질(Air quality)	⑥ 물이용(Water use)
	⑦ 경지보존(Land conservation)	⑧ 온실효과(Green-house gasses)
	⑨ 농촌활력화(Rural viability)	⑩ 식량안보(Food security)
	⑪ 문화유산(Cultural heritage)	⑫ 동물복지(Animal welfare)
국제식량기구 (FAO)	사회적 기능 (Social function)	① 도시화 완화(Mitigation of urbanization) ② 농촌공동체 활력(Viability of rural communities) ③ 피난처 기능(Sheltering function)
	문화적 기능 (Cultural function)	④ 전통문화 계승(Transmission of cultural heritage, identity, values and tradition) ⑤ 경관제공(Offering beautiful rural landscape)
	환경적 기능 (Environmental function)	⑥ 홍수방지(Preventing flood) ⑦ 수자원 함양(Retention of water) ⑧ 토양보전(Soil conservation) ⑨ 생물 다양성(Biodiversity)
	식량안보 (Food Security function)	⑩ 국내 식량공급(Supplying domestic foods) ⑪ 국가 전략적 요청(National strategic needs)
	경제적 기능 (Economic function)	⑫ 공동체의 균형발전과 성장(Balanced development and growth of communities) ⑬ 경제위기 완화(Buffer of economic crisis)
일본	① 국토보전	② 수자원 함양
	③ 생물 다양성 보전	④ 농촌경관의 창조
	⑤ 전통문화의 유지	⑥ 휴양처 제공
	⑦ 식량안보	

3) 농촌진흥청(2003). 농업의 다원적 기능에 관한 가치 평가 연구. 농촌진흥청.

미로 사용되었다. 즉, 농업으로 인해 발생되는 사회문화적, 경제적, 생태적 기능들은 사회 전체에 제공되고 있으나, 이에 해당하는 경제적인 대가를 받지 않는 농업의 역할을 의미한다.

자유무역의 시장경쟁에 취약한 농산물은 지속적으로 쇠퇴할 수밖에 없다. 이러한 사실은 농업생산을 위축시키며 농업의 다원적 기능을 잃어버리는 결과를 낳는다. 국민 경제적 손실뿐만 아니라 생태 환경적 비용 증가와 사회문화적 자원의 상실을 경험하게 됨은 쉽게 예상할 수 있다.

농업과 농촌을 유지함으로써 얻게 되는 첫 번째 영역은 사회문화적 영역으로, 농업으로 인해 형성된 우리의 전통문화 보전에 기여하며, 정서적 · 심리적 안정감을 주고, 보건 휴양의 장소를 제공한다. 또한 환경교육의 장이 됨과 동시에 새로운 철학과 예술 창조의 공간이 되고, 노령인구를 흡수하는 등 현대 도시 및 사회문제 해결에 기여한다. 둘째, 자연환경 영역에서 생물종 다양화를 보장해 주고, 수자원 함양, 대기정화와 물질 재생 순환 역할을 담당한다. 그리고 토양 유실을 방지해 주고, 식물과 동물의 유전자원을 보전하는 등에 기여한다. 셋째, 정치경제영역에서는 안정적인 가격 형성을 토대로 식량안보에 기여하며, 자립국가 기반을 제공해 준다. 또한 국토 균형발전 및 노동시장의 조절, 지방사회 경제 유지 등 다양한 기능을 지니고 있다.[4]

특히 농업은 홍수조절효과, 수자원 함양, 토양유실 방지 및 토양 보전, 대기정화, 수질정화, 산소공급 등 국토 및 환경보전에 기여하는 가치가 매우 크다. 이것을 경제적으로 환산해 보면, 홍수조절 효과 13조 원, 수자원 함양 및 수질정화 4조 원, 대기정화 및 기후순화 5조 원, 토양보전 및 오염원 소화 1조 원, 경관적 가치 1조 원 등 논밭의 환경적 가치는 연간 약 24조 원에 달하는 것으로 평가되고, 이는 농업의 연간 부가가치 생산액과 맞먹는 값이다.[5] 또한 야생동물들에게 서식지를 제공하여 생물

4) 박은식 외(2000). 농촌의 공익적 가치 향상에 관한 연구. 농촌진흥청.
5) 박진도(2005. 5. 26.). 희망을 찾는 농업 살리기 〈4〉 – 농업 · 농촌의 위기와 상생의 길. 프레시안.

자원을 보호하고 생태계를 보전하는 역할을 수행하며, 유전자원이 상대적으로 열악한 우리의 현실에서 이는 매우 중요한 의미를 지닌다. 논밭이 수행하고 있는 환경적 기능은 농업생산이 유지될 때 수행된다는 점에서 우리나라 농업생산 위기는 국토 및 환경 보전 기능의 위기를 의미한다.

종합학문으로서의 농업

농업의 다원적 기능을 살펴보면, 농업과 연계되는 학문 분야의 다양성을 알게 된다. 다른 학문들과의 연계는 농업이 학문 발전에 토대를 제공하기 때문이다. 또한 농업을 제대로 알기 위해서는 다양한 학문 분야로부터의 접근이 필요하다. 농업에 대한 이해는 생명공학뿐만 아니라, 정보통신, 공학, 예술, 경영, 한의학, 의학, 사회학, 심리학 등의 학문들과 연계되어야 한다. 농업이 학문 발달에 미친 영향과 다른 학문들로부터 접근하여 이해하는 농업을 통해 우리는 삶을 풍요롭게 가꾸는 농업의 역할을 알 수 있다.

농업에서 발전해 나가는 대표적인 학문분야는 생명과학에서 건축, 토목공학에 이르는 다양한 자연과학 및 공학 분야가 있다. 이들 학문은 농업 생산성의 극대화를 위해 많은 연구를 진행하였고 학문적 성과를 이루어 냈다. 병해충의 피해를 최소화하고, 영양소를 풍부하게 함유한 식품의 생산을 위한 노력은 학문적 이해를 깊이 있게 해 주었다. 농업인의 안전과 생산성에 영향을 미치는 관련시설 확충 및 설비를 위한 연계는 또 다른 학문 분야의 활성화를 가져오게 하였다. 또한 국민 대다수가 살고 있는 도시에 신선한 식품을 공급하기 위한 물류시스템과 연관된 지리학적 이해가 발전하였다. 뿐만 아니라 생산 과정의 첨단화와 농가의 판매망 확대를 위한 정보기술(IT)의 활용으로 보다 높은 생산성과 미래 지향적인 산업으로 발전하게 되었다. 이와 더불어 농업이 환경적 영역에

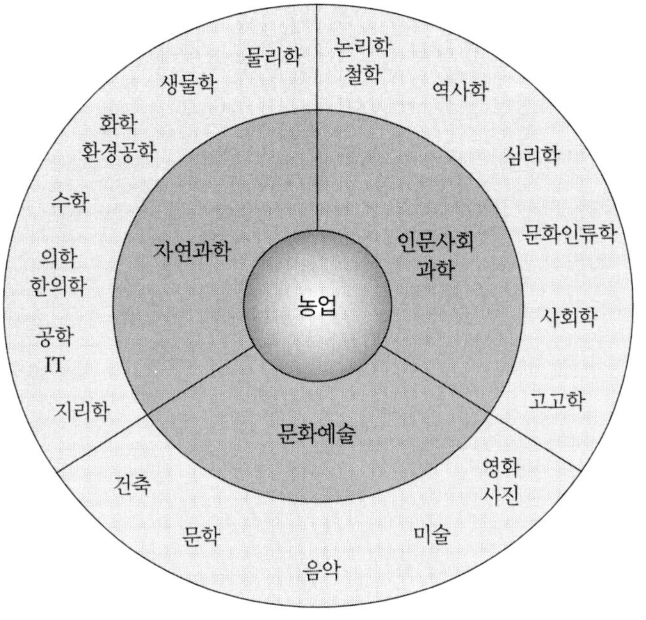

[그림 1-3] 종합학문으로서의 농업

서 보이는 가치에 대한 이해는 생태학적인 접근과 연결된다. 우리가 살아가는 생존공간은 우리 동네, 지역, 국가를 넘어서 지구 전체라는 근거를 바탕으로 지구환경 내에서 살아가는 다양한 생명체는 환경과 밀접한 관계를 맺고 있다. 생태학은 식물과 동물, 인간, 그리고 환경이 유기적인 관계를 맺으며 함께 살아가고 있음을 깨닫게 하였다. 우리가 식물, 동물과 관계를 맺는 방식에 따라 환경적으로 긍정적인 영향을 미칠 수도 있는 반면 부정적인 영향을 미칠 수 있음을 알게 한 생태학은 농업이 우리의 삶에 미치는 영향을 보다 넓게, 장기적인 시야를 갖도록 돕는다. 단지 식량 생산이라는 목적에 의해 식물과 동물을 이용하는 과정에서도 우리는 환경적인 유익을 얻을 수 있음을 생태학과의 연계 속에서 발견할 수 있다.

다른 한편으로 다양한 학문분야에서 접근하여 농업을 생각할 때, 우리 삶의 여러 측면에서 기여하는 농업의 역할을 발견할 수 있다. 예를 들어,

심리·사회학, 인류학, 역사, 정치학 등 인문과학과의 연계 속에서 농업을 볼 수 있다. 사회문화적 영역에서 농업이 지니는 가치를 살펴보면 농업을 통해 사람이 심리·사회적 유익을 얻을 수 있음을 알 수 있다. 예를 들어, 농업이 우리의 문화 형성에 영향을 미치며, 문화의 지속에 따른 다음 세대와의 교류, 정치적 안정성에 기반이 되는 등의 역할을 발견할 수 있다. 인문사회적 측면에 관련된 깊이 있는 인식을 토대로 우리는 논의를 발전시켜 나아갈 수 있다. 사람이 아닌 다른 생명체가 성장할 수 있도록 적극적인 참여를 하고, 그 생명이 변화하는 모습을 보게 될 때 사람들은 긍정적인 정서를 경험하게 된다. 그리고 그 성장은 다른 사람들과 공유할 수 있으며, 이 경험을 통해 심리적 안정감을 얻게 된다. 이와 같은 역할들은 농업이 지닌 심리학적인 측면에서의 연구를 통해 밝혀지고 있다.

경제적 측면에서 농업의 역할은 의학, 한의학과 관련하여 신선한 채소와 과일의 섭취에서 얻을 수 있는 질병예방 효과와 영양소 함유에 따른 영양학적 근거 산출 등을 통해 건강을 위한 효율적인 소비생활을 돕는다.

전통문화의 계승이라는 농업의 사회문화적 영역의 가치는 우리들의 전통 철학을 이어가게 한다는 점에서 찾아볼 수 있다. 우리는 서양의 학문을 공유하기 시작하면서, 전통적으로 내려온 사상의 단절을 경험하게 되었으며, 오히려 선진국의 학문에 도입된 동양의 사상을 다시 도입하고 있는 실정이다. 자연과 인간과의 건강한 관계에 대한 깊이 있는 철학적 사상은 결국 농업을 근본으로 여겼던 우리 조상의 경험에서 찾을 수 있다는 것이다.

농업은 이와 같이 다양한 학문과 연결되며, 그 가운데 더 발전적이면서 지속가능한 삶으로 이끌어 주는 중심적인 역할을 담당하고 있다. 만약 항공기, 자동차, 컴퓨터 등 첨단제품을 생산하던 사양기술을 농업에 접목한다면 최고의 기술로 태어나 부가가치가 상승될 것이다. 또한 농업이 지닌 여러 측면의 기능성을 첨단산업은 물론 인문과학과 접목하면 시너지효과를 만들어 낼 것이다. 이것이 도시농업을 통해 완성되고 발전하며 우리 삶에 적용될 수 있는 종합학문으로서의 농업이다.

도시에서의 농업

우리나라에서 규정하는 도시는 행정적으로 '시'로 분류되는 지역사회다. 시는 '인구 수가 5만 명 이상이고 시가지 내에 거주하는 인구와 상업, 공업 및 기타 도시산업에 종사하는 가구의 비율이 각각 60% 이상이어야 하며, 1인당 지방세 납부액, 인구 밀도, 인구 증가 경향 등이 행정자치부령이 정하는 기준 이상이어야 한다.' 라고 정의되고 있다. 이와 함께 도시민으로 분류될 수 있는 '도시인구'는 앞의 '시'로 분류되는 지역의 주민과 인구 2만 명 이상의 '읍'에 거주하는 인구를 의미하고 있다.

이와 대비되는 개념으로 농촌은 일반적으로 인구의 정도와 도시 중심지로부터의 거리에 의해 정의되며, 도시와 비교하였을 때 상대적으로 동질적인 문화, 자연자원에 기반을 둔 경제, 생태적 지역정체성이라는 이미지를 수반한다. OECD의 정의에 따르면, 다음과 같은 기준에 의해 절대 농촌지역, 상대 농촌지역, 절대 도시지역으로 분류된다.[6]

농업이란 인간과 자연의 교섭과정이다. 그 과정의 결과로 인간은 생산물을 통해 식량을 얻게 된다. 농업이 지니고 있는 본질적인 식량생산의 기능뿐만 아니라, 다원적 기능에서 밝혀진 여러 역할들은 농업이 우리의

〈표 1-3〉 농촌지역 분류

절대 농촌지역	농촌 커뮤니티 거주인구 비율 50% 이상
상대 농촌지역	농촌 커뮤니티 거주인구 비율 15~50%
절대 도시지역	농촌 커뮤니티 거주인구 비율 15% 미만

6) 임형백, 이성우(2004). 농촌사회의 환경과 기능. 서울: 서울대학교 출판부.

생활 가까이에 있음을 보여 주고 있다. 농업은 식량 생산을 위해 식물과 동물을 양육하고, 생산물을 얻어내는 등, 자연을 대상으로 사람의 활동이다. 이 과정 속에서 우리는 경제적, 생태적, 사회적 유익을 얻게 된다.

도시농업은 도시민이 실천하는 농업을 의미한다. 여기에서 농업은 인간이 자연과 함께하는 행동 그 자체부터 생산물을 활용하는 결과까지를 포함한다. 이를 통해 도시민은 안전한 식품을 자급하는 것에서 즐거움과 보람을 느낄 수 있는 이로움을 얻게 된다. 즉, 식량을 생산하는 1차적 농업과 도시환경을 개선시키는 2차적 농업, 사회 · 심리적으로 풍요로움을 나누게 되는 3차적 농업의 의미를 모두 포함한다.

도시농업은 감소되는 식량자급률을 완화시킬 수 있는 해법이 되며, 전 국민의 건강개선에 기여하는 방안이 된다. 도시 청소년과 노령인구의 농업체험은 새로운 계층의 인력 유입과 일자리 창출이라는 경제적 효과를 얻을 수 있다. 도시에서 활용되는 농업은 개인과 공동체가 쉽고 즐겁게 실행하면서 악화되는 도시환경을 개선할 수 있으며 삶의 보람을 나눌 수 있는 경험이 된다.

농촌에서 농업인만 참여하는 1차적 농업의 범주에서 발전하여, 도시농업에서의 농업은 도시민이 농촌과 도시에서 1, 2, 3차적 농업을 체험하고, 농업의 중요성을 알아가는 모든 활동까지 포함해야 한다. 따라서 도시농업에서 농업은 크게 도시 내에서 이루어지는 농업과 농촌에서 도시민이 체험할 수 있는 농업으로 구분하여 설명할 수 있다. 이는 도시 내의 다양한 영역(유치원, 학교, 회사, 아파트, 옥상 등)에서 식물을 심고 번식시키고 기르고 수확하여 이용하는 일련의 과정과 농업단계에서의 한 부분을 함께 해 보는 일, 녹지를 조성하고 꽃을 이용하여 환경을 미화하는 등의 활동을 포함한다.

농촌은 농업을 기반으로 발달한 풍부하고 전통적인 다양한 문화자원을 지니고 있다. 이것을 이용해 농업이 우리의 삶에 주는 의미와 더불어 신체적 · 심리적 · 사회적 유익과 교육적 효과까지 얻을 수 있다. 농촌에

〈표 1-4〉 도시에서 실천해 볼 수 있는 도시농업 활동

영역	활 동
유치원	놀이동산, 흙 놀이, 식물 심기, 씨앗 뿌리기, 번식하기, 실내 원예활동, 그림책 보기, 식물채집
학교	교실 내 정원, 화분 놓기, 교정 가꾸기, 농사체험 학습, 음식 만들기, 식물채집, 야생화 탐색하기, 곤충과 동물 공부하기, 견학
회사	사무실 내 정원과 화분 놓기, 실외 정원, 로비화단, 원예활동, 견학
옥상	텃밭 가꾸기, 꽃밭 만들기, 잔디원 만들기, 나무 심기, 세덤 종류 심기, 산책길 조성
공원	자생화 동산, 녹지 조성, 정자, 쉼터, 농사 체험장 운영
도로변	꽃길 조성, 보리, 유채 등 심기, 수벽 만들기, 토피어리, 방음벽에 넝쿨식물 심기, 가로수 심기
아파트	접시정원, 아트와 크래프트(실내외), 채소 가꾸기, 화분 놓기, 실내 조경(된장, 고추장, 병조림, 술, 와인, 차, 잼, 김치, 장아찌 등)을 만들고 시식하기, 공예품 만들기, 동물 키우기
공공장소	화분 놓기, 전시회, 박람회, 경연대회, 농사체험 프로그램 운영
로타리	꽃밭 조성, 정자 만들기, 벼, 보리, 목화 등 심기
동물	애견, 어류(비단잉어, 금붕어, 열대어 등), 조류(잉꼬, 구관조 등), 고양이, 거북이, 토끼 등
행사	농업관련 국제, 국내 전람회, 박람회, 전시회, 학회, 심포지엄, 세미나, 포럼 등

서 이루어지는 경제적 활동을 통해 농업이 주는 경험은 1차적 농업의 의미에 국한될 수 있다. 그러나 다양한 농촌의 생활양식은 우리에게 2, 3차적 농업의 의미까지 지니고 있으며 그 역할은 매우 크다. 이렇게 농업에 대한 다양한 가치를 인식할 때 도시민은 농촌에서의 경험을 통해 더 많은 이로운 점을 얻을 수 있다. 도시민이 농촌에서 체험하는 각종 활동은 문화체험, 만들기 체험, 자연체험, 모험체험 등으로 구분되며, 그 하위분류로서 농사체험 및 농촌생활 체험, 공예와 요리, 생태학습, 레포츠 및 건강수련의 활동이 포함된다.

2
도시농업

도시농업은 이미 우리 곁에 있으며, 마음 깊은 곳에서 본성적으로 바라는 흙이 있고, 녹색의 식물 그리고 새와 물고기가 모여 인간과 공생 · 공존 · 공영하며 소우주를 꾸려 가는 활동이다.

- 도시농업이란
- '지속가능성'을 위한 도시농업
- 도시농업의 효과
- 우리나라와 세계에서 펼쳐지는 도시농업 사례

2 도시농업

도시농업이란

도시농업이란,
도시민이 도시의 다양한 공간을 이용하여 식물을 재배하고,
동물을 기르는 과정과 생산물을 활용하는 농업활동이다.

이를 통해 도시민은
경제적 · 사회문화적 유익을 얻고, 도시 생활환경의 질적 향상을
도모할 수 있다.

또한 도시와 농촌의 교류를 통하여
농업인과 도시민의 삶의 질을 향상시키는 농업활동을 포함한다.

앞에서 제시된 정의는 도시농업을 통해 얻을 수 있는 폭넓은 경험과 확장된 유익을 담고 있다. 도시 내에서 식물과 동물을 양육하고 생산물을 활용하는 것에 이르는 행위뿐만 아니라, 보다 효과적이고 현실적으로 활용 가능한 농촌 자원에 대한 적극적 이용을 포함한다. 농업이 식량 생산이라는 1차적 의미의 농업에서 그치는 것이 아니라, 2, 3차적 농업까지 포함함으로써 넓은 의미의 개념을 갖기 때문이다. 또한 도시농업은 도시민의 유익에 국한된 활동에 그치지 않고, 농촌을 포함한 국가, 지구환경까지 확대하여 서로 자연스럽게 연결되는 활동을 뜻한다.

따라서 도시농업은 도시의 경제적 · 사회적 · 생태적 소생뿐만 아니라 농촌과의 균형잡힌 발전에 기여할 수 있으며, 도시에서의 작은 행위가

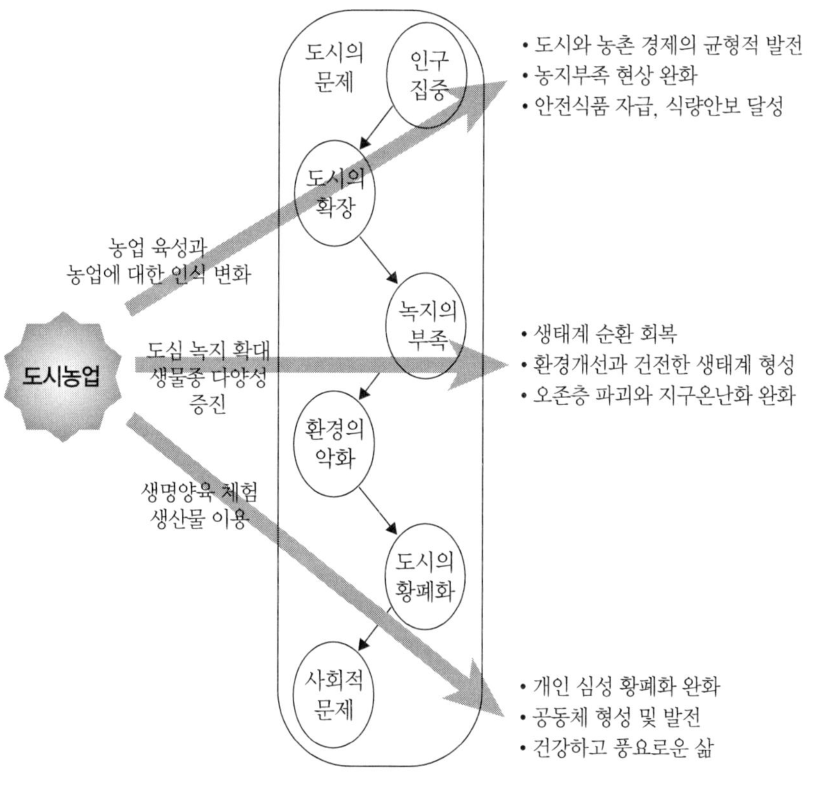

[그림 2-1] 도시농업의 개념지도

출처	도시농업의 정의
Smit et al.[1]	도시농업은 주로 마을, 소도시에서 일상의 소비자의 요구에 반응하여 땅과 물 위에서 도시와 도시 주변 전체의 영역에 걸쳐 퍼져 있는 집약적인 생산방법을 적용하며, 천연자원과 도시 쓰레기를 사용, 재활용하고, 작물과 가축의 다양성을 초래하기 위하여 공정, 시장 식품과 연료를 만들어 내는 산업이다.
최승[2]	도시농업은 최근에 생성된 개념이 아니라 도시의 오랜 역사와 그 맥락을 같이 하는 것으로 도시 내에 존재하는 공한지 등의 유휴자원과 유휴 노동력을 이용해 소규모의 작물재배와 소규모 축산 등의 1차 산업을 통해 경제적 · 사회적 이익 및 도시 환경의 질적 향상을 위한 생활 환경의 개선을 꾀하는 모든 종류의 인간활동이라 정의할 수 있다. 또한 이러한 도시농업의 결과로 나타나는 부수적 효과인 경제적 이익과 폐기물 처리문제의 일부 해결, 사회공동체 의식의 향상과 교육적 효과 등을 통한 도시의 인간화를 위한 모든 노력도 도시농업의 영역에 포함될 수 있다.
Adeyemi, Abida et al.[3]	도시농업이란, 도시 근처나 도시와 같은 장소에서 농업을 실행하고 정착시키는 것을 말한다.
Wisconsin University[4]	도시농업은 도시의 영역을 둘러싼 지역에서 곡식, 가축, 어류 등의 농업을 실행하는 것이다. 도시농업은 공공용지, 길가, 강둑과 같은 땅을 이용할 수 있고 식량 생산활동 또는 경제적 활동을 실행할 수 있다. 이것은 식량안보와 식량안전에 두 가지의 역할을 한다. 첫째로 이것은 도시에 살고 있는 많은 사람을 먹이는 식량을 증가시키고, 둘째는 도시 소비자가 이용할 수 있는 신선한 채소를 경작할 수 있다.
요시다타로[5]	주위가 택지로 둘러싸여 뿔뿔이 흩어진 토지 조각들을 이용한 농업 학교와 공장의 인접지, 회사와 병원 그리고 주택가 옥상과 발코니에 이르기까지, 시내 한복판이라도 빈 땅이면 어디서든 유기농업으로 농산물을 생산하는 활동
김종덕[6]	도시농업이란 도시의 공터, 아파트 베란다, 뒤뜰, 심지어는 옥상 등 도시의 어느 공간에서도 영속이 이루어지는 것을 일컫는다.

1) Smit, J. et al. (1996). *Urban Agriculture: Food, Jobs, and Sustainable Cities.* New York: United Nortions Development Programme.
2) 최승(2002). 도시농업을 이용한 공한지의 활용방안에 관한 연구. 서울대학교 석사학위 논문.
3) Adeyemi, Abiola et al. (1997). *Urban Agriculture: An Abbreviated List of References and Resurce Guide.* Beltsville, MD: USDA, ARS, National Agricultural Library.
4) University of Wisconsin. (2005). *Urban and regional Planning department Presents.* Ecoplanit Madison. Literature Review.
5) Yoshida, T. (2002). 생태도시 아바나와 탄생. 서울: 들녘.
6) http://cafe.naver.com

국가적 차원과 전 지구적 차원으로 유익을 확장하는 효과적인 행위로 이해될 수 있다. 이는 [그림 2-1]과 같은 도시농업의 개념지도를 통해 전체와의 관계 속에서 좀 더 쉽게 알 수 있다.

최근에 와서 활발하게 논의되는 도시 내의 농업은 세계적으로 중요한 토론 주제가 되고 있다. 현재 일부 선진국에서 다양한 목적으로 도시농업이 진행되고 있으며, 그 형태 또한 독특하게 발전되고 있다. 그러나 현재까지 공통적인 합의에 의한 도시농업의 정의는 내려지지 않았으며, 도시농업의 형성 배경에 따라서 다양한 정의가 사용되고 있다. 우리나라에서도 일부 단체 및 연구자를 중심으로 도시농업에 대한 정의가 논의되고 있다.

도시농업 정의들을 살펴보면, 도시농업은 농촌에서 이루어지는 농업의 식품생산과는 구분되지만, 상호보완적인 역할을 담당하고, 도시 경제 및 생태와 연결되어 있다는 것에 바탕을 두고 있다.

도시농업의 정의를 정립하기 위한 연관된 개념의 규정이 필요하다. 즉, 도시농업은 위치 및 구역의 유형, 경제적 활동 및 생산 목적, 생산물의 범주와 생산 방식 등을 관련하여 고려해야 한다. 우리가 새롭게 제시하는 도시농업의 기초 개념은 다음과 같다.

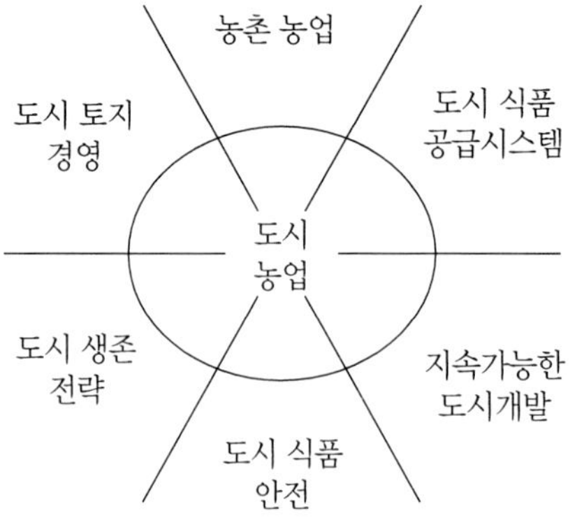

[그림 2-2] 도시농업의 개념과 연관된 사회 · 경제 · 생태적 분야

위치 및 구역의 유형

농업이 이루어지는 위치는 도시농업에서 중요한 개념이지만, 도시 내와 도시 주변간의 차이를 정확하게 연구하는 분야는 거의 없다. 만약 있다 하더라도 기준은 인구규모, 밀도, 공식적인 도시 한계, 도시의 경계, 토지의 농업적인 사용이나 다른 사용, 도시 당국의 합법적인 관리 권한에서의 농업 등으로 매우 다양하다. 여기에서는 앞서 밝힌 바와 같이 도시농업에서의 도시는 행정적 기준을 기본으로, 인구 2만 명 이상의 인구를 지닌 '읍'과 '시'를 도시로 지칭하려 하며, 여기에 거주하는 주민을 도시민으로 규정한다.

이와 더불어 도시한계에서 혹은 도시 근교를 포함시키려는 도시농업의 위치 선정과 도시농업을 행하는 구역 또한 정의마다 다양하게 나타나고 있다. 도시농업이 실행될 수 있는 각자의 주거지 입지(소지구 내 또는 지구 밖), 부지의 발달상태(건물 또는 오픈 스페이스), 보유양식/토지용익권(양도, 임대, 공유, 개인의 권한과 동의, 소비자법, 상업적인 매매)과 구역의 공유지 사용 범주에 따라 구분하는 기준은 매우 다양하게 분류되고 있다. 이러한 분류로 도시농업이 이루어지는 구역의 유형을 규정짓는 것은 그 적용에 한계가 있으며, 도시 인구밀도가 과도하게 높은 우리나라 현실을 반영하기에 어려운 점이 있다. 따라서 도시농업이 이루어지는 구역을 포괄적으로 인식하여 도시의 어느 공간에서나 활용할 수 있음으로 규정하고자 한다.

경제적 활동의 견지 및 생산 목적

대부분의 정의는 농업의 생산 단계를 언급하고 있으나, 최근의 정의는 생산의 과정, 생산물의 판매를 추가하고 있다. 이들 간의 상호작용을 강조하고 있다. 도시농업에서 생산과 판매(그리고 그 과정)는 지리적인 근접

사진: 일본 고호쿠 주택가에 위치한 채소 판매대
자신이 재배하여 수확한 토마토와 가지 등을 판매하고 있다. 대부분 싼값에 신선한 채소를 구입할 수 있어, 지역주민들이 자주 찾아 구입하고 있다.

과 빠른 정보의 유입 덕분에 시간과 공간의 견지에서 상호적인 관계를 갖고 있다고 본다. 현재 우리나라에서는 관련된 규정 법규 및 여건 확립이 미비한 실정이다. 도시농업에서 생산 목적은 대부분 자가소비와 소량 판매 모두를 포함하고 있다. 이 두 가지의 목적은 보통 생산자나 소비자 연구에 의하여 다양하게 목표화되었으며, 경제적 연구는 최근에 구체적인(수출) 시장지향의 생산에 목적을 두고 경제적인 도시농업의 선호도, 다른 공급원천을 넘어 생산자, 소비자 수준 모두의 상대적인 이익을 더 잘 이해하는 데 도움을 주고자 한다. 따라서 경제적 활동은 자가 소비를 기본으로 하며, 소규모의 판매를 통한 직업적 유익을 고려하는 범주로 이해되어야 한다.

생산물의 범주와 생산 방식

생산물의 범주는 사람과 가축 모두가 섭취할 수 있는 식품 생산을 말한다. 곡식(알곡, 뿌리, 채소, 향신채, 약용식물, 장식성 식물, 나무, 과실)과 동물의 유형(가금류, 토끼, 염소, 양, 고양이, 돼지, 물고기 등)을 나눈 범주에서 식품은 더 부패하기 쉬운 고품질 채소와 동물성 생산물일수록 생산지를 명확히 밝히고 있다. 일반적인 도시농업 개념에 식품이 아닌 작물과 동물을 포함하지 않는 것은 도시농업에 대한 이해의 폭을 좁게 만드는 결과를 가져온다. 따라서 새롭게 인식되어야 할 도시농업은 앞서 농업의 정의를 통해 지적한 바와 같이 식량 생산을 넘어서 다양한 기여를 할 수 있는 모든 종류의 식물과 도시에서 허용될 수 있는 범위의 동물로 규정짓고자 한다.

현재의 생산 방식은 개인/미니, 가정, 소규모 공동체, 중소기업, 국가적, 전통적인 사업에 중심이 맞춰졌으며, 도시농업으로 정의하려는 범위는 개인으로부터 국가적 차원에서 주도되는 농업 관련 박람회, 전시회, 학회 등 대규모 행사까지 포함해야 한다.

'지속가능성' 을 위한 도시농업

'웰빙(well-being)' 열풍에 뒤이어 최근 대한상공회의소에서 진단한 새로운 소비, 마케팅 흐름은 '로하스(LOHAS)' 다. 2000년대에 들어서 사용되기 시작한 '로하스' 는 이미 미국 등 여러 국가에서는 1980년대부터 형성된 삶의 방식으로, '지속가능성과 건강을 고려한 생활방식(Lifestyle Of Health And Sustainability)' 을 의미한다.

'웰빙' 이 '잘 먹고 잘 살자' 를 모토로 자신의 건강을 지향하는 참살이라면 '로하스' 는 '제대로 먹고 제대로 살되, 나와 함께 너의 삶도 고려하자' 라는 생각을 토대로 자신의 건강뿐만 아니라 사회의 지속가능성을 고려한 생활방식을 추구하는 움직임을 의미한다. 이는 가족과 자신의 건강과 지구의 건강까지 고려한 친환경적 사고와 더불어, 사회의 장래까지 생각하며 오늘을 살아가는 사람들의 모습이다. 이러한 삶의 모습을 도시농업이 추구하고 있다.

'로하스' 라는 생활방식은 도시농업을 통해 우리가 지향하려는 '지속가능한 사회'를 이해하는 데 도움을 주는 개념이다. 개인의 건강을 넘어서 지구환경에 대한 국제적 관심과 더불어, 현재 우리 눈앞에서 벌어지는 각종 오염문제와 경제 불균형, 지역 간의 갈등 등 우리 사회 흐름 속에서 등장한 '로하스'는 우리 자신뿐만 아니라 사회 건강까지 고려하기 때문이다.

'로하스'에서 사용된 '지속가능성(Sustainability)'은 '지속가능한 발전(Sustainable Development)'이라는 용어를 통해 사용되기 시작하였다. 개발과 환경은 한쪽이 다른 한쪽의 일방적인 영향을 주는 것이 아닌, 서로 영향을 주고받는 동반자적 시스템이라는 입장에서 나온 개념이다. '미래세대의 필요 충족 능력의 감소 없이 현 세대의 필요를 충족시키는 발전'이라 정의되었다.[7]

미래세대의 생존문제와 관련된 '지속가능성'의 개념에서 출발한 논의는 근래 들어 현 세대의 생존 또한 위협하기 시작한 환경문제에 대한 해결을 위해 적극적인 사고와 행동이 필요하게 되었다. 환경(자연)을 지배의 대상으로 바라보는 인간 중심적 세계관을 발전시킨 인류문명은 지구환경이 스스로 정화할 수 있는 능력의 한계를 넘어선 '오염물질'을 계속해서 배출하고 있다. 생명체의 생존을 위해 균형이 필요한 생태계를 파괴해 나갔다. 그 단편적인 예가 지구 온난화이며, 이 영향으로 인류의 영속에 필수적인 식량 생산을 담당하는 농업이 피해를 입고 빙하의 해빙으로 인한 해수면 상승과 기후 이상을 겪고 있는 현실에 직면한 것이다.

이러한 배경에서 지속가능성의 개념은 세 가지 차원으로 구분된다. 첫째, 생태계를 중심에 놓고 '인간도 이 생태계의 일부'로 보고 환경문제를 이해하려는 접근으로서 생태적 지속가능성이다. 둘째, 환경문제의 본질적 원인이 획득 위주의 자원집약적 경제성장을 지향하는 사회문화적 배경에 있다고 보고 문제해결 접근 방식을 사회문화적 요인에 중심을 두

7) Barry, J. (2004). 녹색사상사 루소에서 기든스까지(추선영, 허남혁 공역). 서울: 이매진

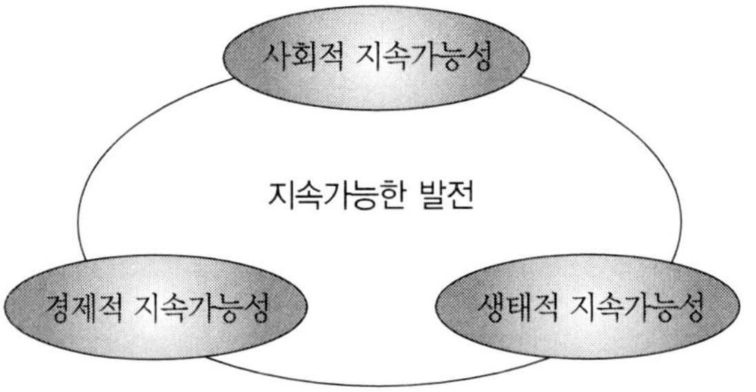

[그림 2-3] 지속가능한 발전의 세 측면

는 사회적 지속가능성이다. 셋째, 환경을 사회와 인간의 물질적 생존 기반으로 간주하여 경제적 시스템에 대한 고찰을 중심으로 하는 경제적 지속가능성의 개념이다. 각각의 차원은 '지속가능성' 전체를 구성하며 상호연결되어 있는 요소다.

■ 생태적 지속가능성

생태적 지속가능성은 생명 부양 환경인 지구환경 전체의 지속가능성을 의미한다. 생태계는 우리에게 생명을 지탱할 수 있게 하는 다양한 요소-물, 대기, 식량, 섬유, 거주지, 각종 자원-를 제공한다. 또한 생태계는 우리를 포함한 동물 및 식물, 미생물의 생명 기반이 되는 지구환경 구성요소들이 생명체와 상호작용을 통해 순환하고 균형을 맞추어 적응하는 모든 과정을 지칭한다. 생태적 지속가능성은 생태계의 적응성과 관련된 상태로서, 생태계 내 생명체가 생명지속능력을 유지하면서 건강하게 살아갈 수 있는 범위에서 개발이 이루어지는 상태를 말한다.

생태적 지속가능성은 우리에게 지금의 행동을 새롭게 생각하도록 한다. 생태계를 단지 우리들의 필요에 의해 사용하는 자원으로 여기는 것이 아니라, 지구환경 전체를 구성하는 모든 요소의 삶이 서로 연결되어 있음을 고려하는 것이다. 인류의 생존은 결국 건전한 생태계와 경제적 시스템 및 사회문화적 자원의 지속성에 달려 있으며, 이는 개개인들의 지구 전체 환경에 대한 이해를 바탕으로 합의된 윤리와 법을 통해 형성될 수 있다.

즉, 우리가 장기적 안목을 지니고 폭넓은 시야로 현 상황을 바라보며, 문제해결을 위한 방안을 자연법칙 속에서 찾아야 한다.

도시농업을 통해 식물과 동물의 성장을 돌보는 작은 움직임은 우리 자신의 삶에 풍요로움을 더해 준다. 그와 더불어 지구환경을 생각하게 하는 계기가 될 수 있다. 건강한 생태계가 사라져 버린 도시환경에 새로운 활력을 불어넣는 도시농업은 생태적으로 지속가능한 사회 건설을 달성할 수 있게 해 준다.

■사회적 지속가능성

사회적 지속가능성은 개발과 가치규범의 관계를 의미한다. 가치규범은 한 사회의 구성원들이 받아들이는 믿음체계를 말한다. 이는 종교나 전통, 관습의 기초를 형성하는 사회윤리 혹은 법, 사회체계로 나타난다. 어떤 활동이 이 규범에 입각해 가치를 추구한다고 판단되거나 활동이 불러일으키는 변화가 사회체계에서 용납될 수 있는 정도일 때, 이러한 행동은 사회적으로 지속가능한 행위라고 할 수 있다.[8)]

사회적 가치규범은 사회가 급변하면서 점진적으로 변화해 나간다. 그러나 사회의 변화가 가치의 변화보다 빠를 경우, 그 사회는 변화에 대한 충격을 흡수할 수 없는 경우가 발생하여 혼란을 야기할 수 있다. 사회적 지속가능성은 급격한 사회변화와 함께 사회구성원이 가진 가치규범 또한 이에 원만하게 적응할 수 있는 범위에서 함께 변화해 나아감을 의미한다.

예를 들어, 현재 우리는 이미 '고령화 사회'가 되었고, 빠른 속도로 그 정도가 심화되고 있다. 빠른 추세로 우리 사회가 고령화 사회로 나아가면

8) 하성규 외 3인(2003). 지속가능한 도시론. 서울: 보성각.

서, 우리는 가치규범에서 많은 갈등을 겪고 있다. 현재 우리는 노인을 부정적이고, 생산적이지 못한, 보호받아야 할 대상으로 바라보고 있다. 노인은 생산적이지 못하며, 사회적으로 가정적으로 보호받아야 하는 경제적 · 문화적으로 수동적인 존재라고 인식하고 있다.[9] 따라서 우리 사회는 현재 고령화사회에 적합한 사회적 가치 체계 설정에서 혼란을 겪고 있다. 해결책 또한 명확하게 제시하지 못할 실정이다. 노인을 위한 일자리 창출 정책이 시행되고 있으나, 임시적인 성격으로 환영받지 못하고 있으며, 우리 사회의 많은 노인은 희망찬 생활을 이어나가는 것에 어려움을 느끼고 있다. 이는 우리 사회가 사회적 지속가능성의 측면에서 위기에 봉착했음을 의미한다. 우리의 가치규범이 급격한 사회변화에 따라가지 못하며 변화해야 할 시점임을 말해 주는 것이다.

사회의 변화는 자연스러운 현상이다. 그러나 이 변화가 우리 가치규범으로 수용할 수 있는 범위를 넘어설 경우, 우리는 인식의 전환을 통해 가치규범을 변화시켜야 한다. 사회적 지속가능성은 이러한 전환을 통해 우리가 사회변화에 건강하게 적응하며 살아갈 수 있을 때 달성될 수 있다.

도시농업은 일상생활에서 만나는 노인에 대한 인식을 변화시키는 데 기여한다. 현재를 살아가는 노인들은 농사 경험이 풍부한 농촌 출신이 대부분이며, 농촌에서조차 노인 인구가 큰 역할을 담당하고 있다. 도시농업은 그들의 경험을 적극적으로 활용함으로써, 새로운 일자리 창출과 더불어 삶에 희망을 줄 수 있는 기회를 제공할 수 있다. 동시에 젊은 세대들이 노인에게서 자연의 가르침과 삶의 지혜를 배울 수 있다. 이로 인해 우리가 얻게 되는 가치규범의 변화는 그 역할이 클 것이며, 급변하는 사회의 사회적 지속가능성에 기여할 수 있다.

9) 농촌진흥청(2005). 장수사회농업 · 농촌의 가치조명. 농촌진흥청.

■ 경제적 지속가능성

경제적 지속가능성은 자연의 수용능력과 재생산 능력을 고려한 경제활동의 균형을 의미한다. 미시적 경제 이익을 위한 개발이 장기적인 측면에서 오히려 악영향을 미칠 수 있음을 깨달음으로써 도출된 경제적 지속가능성은 편익과 비용의 관계로 나타난다. 즉, 우리가 환경을 활용하는 경제적 활동이 비용과 균형을 고려한 결정에 의해 이루어져야 함을 강조하는 개념이다.

예를 들어, 미국 테네시 주 카퍼힐(Copperhill)의 카퍼 유역은 환경과 조화를 잃고 경제적 지속가능성이 붕괴된 모습을 보여 준다. 금세기 초 구리 제련소에서 나온 황산 매연이 넓은 지역에 걸쳐서 뿌리가 있는 모든 식물을 전멸시켰으며, 그 후 대부분의 토양이 침식되어 화성처럼 보이는 경관만 남았다. 1988년 이 구리공장은 영구히 문을 닫았으며, 한 지역의 모든 생명부양능력을 하나의 공장이 소모하면서 이를 영구히 파괴한 결과, 그 지역에서는 더 이상의 경제발전이 불가능하게 되었다.[10)]

이 사례를 통해 우리는 자연자원의 재생산 능력을 저해하지 않는 범위에서 경제활동이 이루어져야 한다는 것을 알 수 있다. 경제적 지속가능성 또한 단기적이고 협소한 시각으로 도출된 경제적 유익을 위한 활동을 통해서는 이룰 수 없다. 경제적 지속가능성은 비단 환경과의 조화를 이룬 경제발전뿐만 아니라 국가 전체의 경제 지속성을 고려해야 한다. 경제는 환경과의 불균형, 산업간 불균형, 지역 간 불균형이 심화될 경우 붕괴된다.

현재 우리 사회는 경제의 기본이 되는 1차 산업으로서의 농업의 미래가 그리 밝지 않다. 농업의 다원적 기능에서 볼 수 있듯이 가격으로 반영되지 못하지만 매우 중요한 요소들을 잃을 수 있다. 경제적 지속가능성을 위해 우리는 환경과의 조화에 균형을 맞출 수 있는 농업과 농촌, 지역

10) Odum, E. (2002). 생태학(이도원 외 공역). 서울: 사이언스북스.

간의 불균형을 완화시킬 수 있는 농촌경제, 산업에 기반을 닦아 주는 1차 산업의 유지에 대한 관심이 필요한 시기다.

도시민의 농업 활동은 농업에 대한 인식의 전환을 가능하게 함으로써 농촌 경제에 활력을 불어넣을 수 있다. 이러한 움직임은 경제적 지속가능성을 이루어나가는 견인차 역할을 담당한다. 어렵고 힘들며, 가난한 노동이라는 농업에 대한 인식은 도시농업을 통해 새롭게 이해될 수 있으며 이와 더불어 태도 또한 변화될 수 있다. 변화된 인식은 농촌과 농업의 미래에 희망을 줄 수 있으며, 함께 살아가는 도시와 농촌의 모습을 만들어 갈 수 있다.

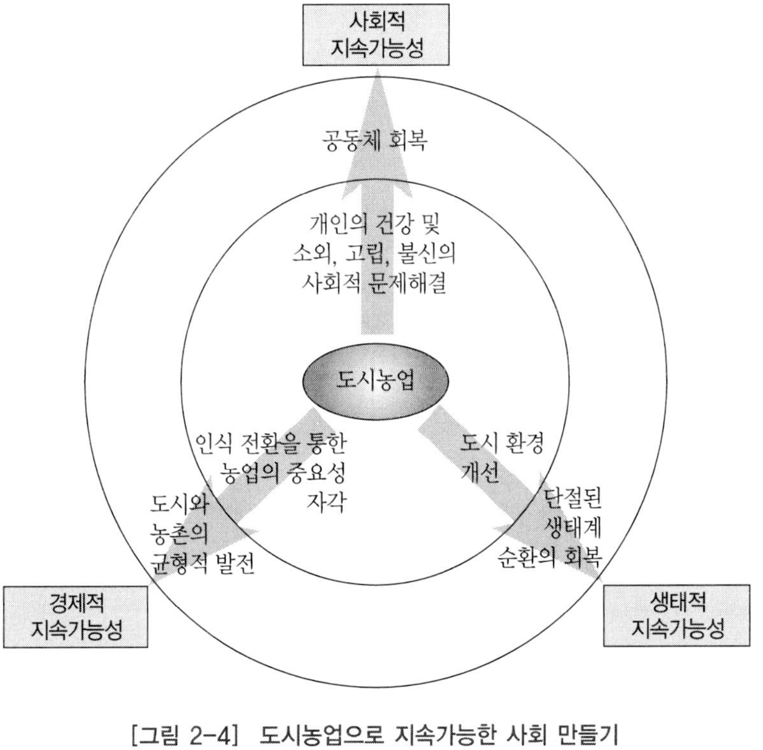

[그림 2-4] 도시농업으로 지속가능한 사회 만들기

도시농업의 효과

우리가 도시농업에서 얻게 될 생태적 · 사회적 · 경제적 지속가능성의 첫 걸음은 의식의 전환이다. 이러한 의식의 전환은 식물과 동물의 양육 및 이용의 과정에서 얻게 된다. 한 개인을 중심으로 생각하는 데서 벗어나, 지구 전체를 중심으로 그 속에서 살아가는 우리를 생각하는 방식으로의 전환은 지속가능성을 실현하는 가장 중요한 변수가 될 것이다. 이는 지구를 중심으로 하늘이 돌고 있다고 생각하였던 천동설의 관점에서 태양을 중심으로 지구가 돌고 있다는 지동설의 관점으로 바꾸면서 학문과 사회가 발전해 나아간 것과 마찬가지로 큰 영향력을 미칠 수 있는 요인이 된다.

또한 이 커다란 변화는 학습을 토대로 단지 젖은 물티슈에 무씨를 뿌리고, 작은 화분에 강낭콩 씨앗을 심어 보며, 집 앞 화분에 토마토를 심어보는 것과 같이 쉽고 간단한 행동에서 시작된다. 그 행동은 점차 우리 주변의 자연 세계로까지 관심을 확장시킨다. 생각에서 출발한 작은 행동들과 자연을 따스한 눈으로 바라보며 시작되는 인식은 우리 사회가 공유하고 있는 가치규범을 장기적이며 거시적인 안목을 겸비할 수 있도록 이끌게 된다. 그리고 인류뿐만 아니라 생태계 전체를 중요시하는 가치를 갖도록 한다.

이것이 바로 우리가 도시농업에서 효과를 얻을 수 있는 메커니즘이 된다. 왜, 무엇에 대해 학습하고, 실행하며 알고 느끼는 것이 바탕이 되어 세상을 보게 된다. 이러한 순환이 나선형으로 증폭될 때 우리는 놀라운 성장을 하게 된다. 이에 따라 생태계와 경제의 균형을 고려한 개발을 토대로 우리 모두가 건강하게 살아갈 수 있으며, 미래의 후손에게 풍요로운 지구를 마련해 줌으로써 지속가능한 삶을 이어나아갈 수 있을 것이다.

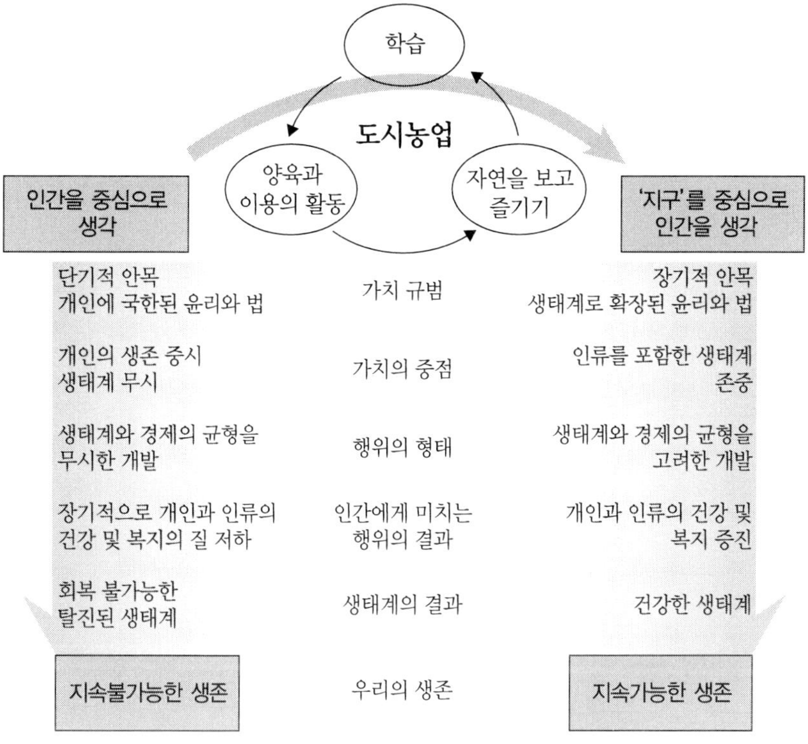

[그림 2-5] 도시농업을 통한 변화

〈표 2-1〉 지속가능한 사회로 만들어 가는 도시농업의 효과

지속가능성 측면	도시농업의 1차적 효과	2차적 효과
사회적 지속가능성	• 개인 신체적 건강 증진(운동, 영양, 공기정화 등) • 즐거움과 보람을 주는 활동 • 성취감과 자아만족감 부여 • 창조적 인간성 함양 • 생명에 대한 이해와 생명 존중 • 변화에 능동적인 삶의 자세 함양 • 인간과 식물, 환경의 조화로운 삶 지향 • 노인 인구 일자리 제공 및 사회참여 촉진 • 노령화 사회에 새로운 가치 창출 • 아동의 창의성 및 이해력 증진	공동체의 회복

지속가능성 측면	도시농업의 1차적 효과	2차적 효과
사회적 지속가능성	• 청소년의 자아발달에 긍정적 기여 • 세대간 유대감 증진 • 공동체 형성 자극 • 도시의 범죄 감소 • 주변 환경미화 및 낙서 감소 • 주 5일 근무제에 여가선용 및 운동기회 창출	공동체의 회복
경제적 지속가능성	• 식량자급률 향상 • 안전한 농산물 자급 • 일자리 창출 및 인재 양성 • 농업 인식 전환으로 농업 중요성 자각 • 농가 인력구조 개선 • 지역 간 경제 불균형 완화 • 도시 혼잡비용 절감(1,790억 원 추산)	도시와 농촌의 균형적 발전
생태적 지속가능성	• 도시 건조화 완화 및 도시 홍수 방지, 지하수 보유 향상 • 도시 열섬현상 완화 • 도시 공기 정화로 대기환경 개선 • 자연적 기후조절로 냉 · 난방 자원 소비 감소 • 교토의정서를 위한 대기환경 문제해결 방안 • 실내환경 개선 • 도시경관 미화 • 생물종 다양성 회복 • 방음, 차폐효과 단절된 생태계	단절된 생태계 순환의 회복

우리나라와 세계에서 펼쳐지는 도시농업 사례

우리나라 도시농업 사례

우리 사회는 이미 도시농업을 시작하고 있다. 서울시가 청계천을 복원하며 여름철 도심온도가 낮아지는 성과를 거두었으며, 많은 농촌이 도시민과 함께 우리 전통문화를 나누는 프로그램을 마련하고 있다. 또한 도시민이 가족의 생활공간에 자연을 가까이 하려는 움직임이 활발해지고 있으며, 학교가 교정에 자연을 끌어들이고 있다.

■ 녹색도시로 다시 태어나는 서울

'서울 그린트러스트' 운동이 본격화된 것은 지난 2003년 3월 생명의 숲 국민운동본부와 서울특별시간의 서울 그린트러스트 협약식을 가진 다음부터다.
이 운동은 도시화와 인구집중으로 회색도시가 되어 버린 서울시에 녹색생명을 불어넣고, 다음 세대를 위하여 시민 1인당 녹지 1평 늘리기 운동이다. 특히 시민의 참여와 봉사를 바탕으로 하는 비영리 민간운동으로 시민 자율에 의한 도시녹화사업을 펼쳐나가고 있다.
서울 그린트러스트는 다음 세대를 위해 1,000만 평 녹지 확대를 목표로 하고 있다.
이를 위해 △학교와 마을에 작은 숲 만들기 △직장 학교와 마을을 잇는 숲길 만들기 △도심 곳곳에 공원과 숲 만들기 △끊어진 산과 강 잇기 등을 벌일 계획이다.

(강원일보 2005. 7. 18 발췌)

- ㅇ서울시 푸른도시국에서는 매년 작성하는 공원현황 통계작업을 완료한 결과, 2005년 6월 말 기준으로 총 75만 평(2,480천m^2)이 달성되었다고 밝혔다. 시민의 녹지체감도와 직결되는 1인당 생활권공원면적도 2002년 4.51m^{2}에서 4.77m^{2}로 대폭 증가한 것으로 나타났다.
- ㅇ35만 평 뚝섬 서울숲과 같이 도시계획(공원)사업으로 추진하는 서울시의 공원은 총 1,738개 공원에 159.26㎢로 집계되어 2002년 157.59km^{2}에 비해 약 51만 평(1,671천m^2)이 증가하였다.
- ㅇ도시계획상 집계되는 공원현황과 달리 학교공원화 사업 등 한해 100여개 이상의 학교에 녹지량을 확충하는 '학교공원화', 홍수조절 때문에 수목을 식재하지 못했던 하천에 나무를 심는 '하천변 녹화', 가로변 녹지

확충, 담장녹화, 마을마당, 1동1마을공원 조성 등을 통해 시민의 생활주변에 가까이에서 녹색을 볼 수 있는 다양한 녹화기법들이 동원되었다.

○현재 추진 중인 푸른수목원, 나들이공원, 암사역사 생태공원, 문정동 근린공원 등 중대형 공원의 윤곽(약 14만 평)이 드러나는 내년 중반이면 각종 녹지확충사업과 더불어 '생활권녹지 100만 평 늘리기' 사업은 내년 6월까지 달성될 것으로 예상된다.

○이외에도 다양한 녹지 확충 수법을 총동원해 우선적으로 푸른 도시를 만들어 가고, 지속 가능한 도시환경의 기반을 구축해 나갈 계획이라고 밝혔다.

(연합뉴스 2005. 7. 25 발췌)

서울이 변화하고 있다. 최근 지난 3년간 서울시내 미세먼지 농도가 지속적으로 감소하였다는 발표가 있었다. 이는 매우 고무적인 일이다. 오염원을 관리함과 동시에, 시민 참여로 이루어지는 도시 녹화사업을 통해 얻은 쾌거라 할 수 있다. 시민이 함께 하는 푸른 서울 가꾸기는 생활권녹지 100만 평 늘리기와 옥상녹화, 나무은행 등으로 진행되고 있다. 생활권녹지 100만 평 늘리기는 학교공원화, 유수지 및 하수처리장 공원화, 걷고 싶은 녹화거리 조성, 도시구조물 벽면 녹화 등 다양한 계획이 추진되고 있다. 청계천을 복원하며 물이 흐르는 도시로 변화하려는 움직임은 자연회귀임과 동시에 도시민의 삶을 풍요롭게 하는 방안이 된다. 또한 서울시청을 중심으로 확산되는 옥상녹화는 도시의 열섬현상 완화와 도시미관을 향상시킬 수 있는 농업의 현대적 적용이다.

서울이 녹색의 자연을 담고 있는 도시로 태어나기 위한 발걸음은 도시농업의 대표적인 사례다. 자연을 잃어가는 도시에서 농업을 매개체로 자연이 살아 숨쉬는 공간을 만들어 건강하고 지속가능한 사회로 발전하는 것이 도시농업이다. 이 의미에서 자연을 담고 새롭게 태어나는 서울은 지구환경을 고려하고, 개인의 삶을 풍요롭게 가꾸며, 공동체를 건강하게 이끄는 도시농업의 도시로 대표될 것이다.

■ 아파트 실내정원

베란다에 고추 심어 자녀교육

"아이들 학교에서 식물 관찰일기를 쓴다고 해서 그냥 꽃 화분 하나 사주려고 시내에 갔다가 고추랑 방울토마토 모종을 샀어요. 진딧물이 많이 몰려 여간 고생한 게 아니죠. 그런데 담배꽁초를 우려낸 물로 잎사귀를 닦아 주니 진딧물이 눈 씻듯이 없어졌어요."

"고추 모종은 6그루, 방울토마토는 3그루를 샀어요. 여름 내내 고추 따 먹고 방울토마토도 먹고 정말 재미있었죠. 물론 아침마다 진딧물을 잡느라고 담배꽁초 우려낸 물로 잎사귀를 닦아주는 번거로움이 있기는 했지만, 농사가 녹록지 않다는 것과 성실성을 아이들에게 절로 알게 해 주는 좋은 경험이었어요."

어찌됐건 아침잠이 많았던 상현이와 소미에게 고추와 방울토마토를 먼저 가져오는 사람에게 300원씩 하루 용돈을 준다고 말한 뒤로는 자명종이 따로 필요 없게 되었으니 한상진 씨의 희생의 대가는 충분히 보상받은 듯하다.

베란다에서 갓 따온 아삭한 고추 · 상추 · 토마토는 100% 무농약 야채일 것이고 언제고 수시로 수확해 먹는 재미 또한 이웃의 부러움을 받기에 충분할 것이다.

흙을 가까이 하는 것은 자연을 소중히 여기고 자연의 정직함과 성실함을 배우는 길이다.

삭막한 공간에서 벗어나 잠시 자연과 대화를 나누고, 항상 신선한 야채를 식탁에 올리는 즐거움과 함께 자녀에게는 자연학습 체험의 중요한 경험을 줄 수 있는 일이다.

(조선일보 2004. 4. 30 발췌)

실내 공기질 향상의 일등 공신은 식물

하정혜 주부(구로구 고척 2동 47세)는 지난 4월 7일 농촌진흥청이 주최한 공기정화 식물을 이용한 새집증후군 예방 도시민 가정원예콘테스트 테라리움 분야에 참여, 금상을 수상하였다.

응용미술을 전공한 하정혜 주부가 가정원예에 관심을 갖기 시작한 지는 불과 7개월 남짓. 현재 거주하는 고척동 아파트로 이사 온 후부터 실내 공간 활용에 관심을 갖기 시작했고 그렇게 우연히 접한 것이 가정원예였다.

하 씨가 집에서 식물을 키운 이후 가장 피부에 와 닿는 변화는 실내 공기질의 변화였다. 집에 공기청정기나 가습기가 없어도 습도가 조절되고 공기가 맑아진 것을 몸으로 느낄 수 있을 정도다.

"저는 심한 건성피부였는데 최근에는 적당한 수분이 있는 중성피부라는 진단을 받았어요."

게다가 하 씨의 남편도 겨울이면 으레 잔기침으로 고생했는데 지난 겨울에는 그런 증세 없이 지나 실내 공기의 중요성을 새삼 확인했다. 그는 주부들이 조금만 신경 쓰면 실내 공기 정화는 물론 인테리어 효과까지 거둘 수 있다고 거듭 강조한다.

또 화초를 키우다보면 주부들도 집중할 대상이 생겨 우울증이나 갱년기 장애 극복에도 도움이 된다며 화초를 키우면 좋은 점이 한두 가지가 아니라고 이야기 한다.

(하이서울뉴스. 2005. 4. 21 발췌)

현대 도시민의 대표적인 주거지는 아파트다. 자칫 삭막해지기 쉬운 아파트에서 녹색이 움트고 있다. 최근에 와서 공기정화 식물을 중심으로 확산되기 시작한 아파트 실내 정원은 도시민에게 다양한 이로움을 선사하고 있다. 식물은 새집증후군이나 호흡기 질환에서 감기에 이르기까지 여러 질병의 원인을 제공하는 실내 환경의 개선에 탁월한 기여를 한다. 또한 아동에게는 교육적 효과와 더불어 가족 간의 대화를 촉진시키고, 정서적으로 안정감을 주는 등의 역할을 담당한다. 식물을 이용한 실내

장식과 이로 인한 각종 유익들은 가정에서 쉽게 실천할 수 있는 도시농업을 보여 준다.

도시농업은 실내에 꾸미는 정원뿐만 아니라, 작은 화분을 내 곁에 두고 자연을 느끼며 풍요로움을 나눌 수 있는 것에서 출발할 수 있다. 휴식(休)은 사람(人)이 나무(木) 옆에 있을 때 얻을 수 있다. 도시농업은 많은 스트레스와 오염된 환경에 노출된 현대인에게 경제적인 부담을 느끼지 않으며 쉽고 편안하게 즐길 수 있는 휴식을 제공해 준다. 또한 주 5일 근무제로 여가시간이 증가하며 직장인들에게 부담 없이 보람을 느낄 수 있는 좋은 여가활용이 된다.

■ 학생의 학습과 인성발달에 이용되는 농업

대구 삼영초등학교의 국화 기르기

선생님과 아이들이 국화 전문가이신 하성호 선생님의 지도를 받으며 국화 재배 방법을 익혔고, 직접 물을 주며 한 송이 국화꽃을 피우는 과정에서 생명의 소중함과 경이로움을 느끼게 됐다.

식물에 대한 사랑을 통해 바른 인성교육이 이루어지는 산 경험장이 된 것이다.

국화를 재배하면서 아이들은 관찰일지를 작성, 국화의 생태에 대한 체험학습을 하며 또 국화에게 친구처럼 편지도 써 보고 국화를 주제로 한 그림 그리기, 글짓기 행사도 가졌다.

도시 아이들의 삭막한 정서에 자연의 소중함과 고마움을 느끼게 하는 계기가 됐다.

국화꽃을 피우기 위해 낙엽을 모아 거름을 만들어야 했고, 벌레도 잡아야 했다.

진딧물을 예방하고, 곁순을 따 주어야 하는 지혜를 배우면서 아이들은 자신의 꿈을 피우기 위해 많은 노력을 해야 한다는 것을 몸소 배웠다.

(매일신문 2004. 11. 1 발췌)

숲 속 교실 5년째 운영하는 홍연초등학교

지난 9일 금요일 오전 10시 30분 서울 홍연초등학교 뒷산 자연학습장.
학생 80여 명이 자연학습 수업에 푹 빠져 있었다. "개울가에~올챙이 한 마리~ 꾸물꾸물 헤엄치다~" 1학년은 올챙이송을 부르며 춤을 추고, 리코더를 들고 나온 5학년은 지난 시간에 배운 곡을 연습하느라 바쁘다. 2, 4학년은 식물관찰 시간이다. 가지, 고추 등 한 주 동안 얼마나 자랐는지 관찰일기를 쓴다. 이 학교 학생들은 모두 채송화, 달팽이, 금붕어 등 동식물들과 하나씩 친구로 삼고 있다. 지난 2000년부터 시작한 이 학교만의 독특한 자연체험학습 덕분이다.
'모든 생명의 소중함을 일깨우는 것이 최고의 인성교육' 이라고 생각하는 이봉수 교장(61)은 5년 전 이 학교에 부임하자마자 자연학습장을 꾸몄다. 교사들은 과목에 구애받지 않고 자유롭게 학습장을 수업에 활용했다. 지난 2002년 서대문구청 수도사업소에서 이 학습장 부지에 배수지 공사를 시작하자 이 교장은 야외 체험학습의 중요성을 구청에 설명, 1억 원의 지원을 받아 배수지 위에 새롭게 자연학습장을 꾸밀 수 있었다.
이 교장은 매년 씨앗을 사는 데 40~50만 원, 비료값 20~30만 원의 예산을 책정했다. 매일 아침 6시에 등교해 손수 물을 주며 숲 속 교실을 꾸몄다. 자연학습장은 이젠 개미취, 꽈리, 노루오줌 등 한국 야생화 30여 종, 토마토, 오이 채소류 등 100여 종, 철쭉, 대나무, 아카시아, 향나무 등 60여 종의 나무를 관찰할 수 있는 도심의 '숲 속 교실' 로 탈바꿈했다.
운동장 귀퉁이의 연못 역시 이곳의 자랑거리. 지난 2000년 100만 원을 들여 120m^2 규모로 꾸몄다. 5년 전 한 마리 2,500원에 사왔던 어린 고기 30여 마리는 이제 몸 길이가 30~40cm로 자라 김 모(10) 군의 친구가 돼 주고 있다. 발달장애아 2급인 김 군은 올 초까지만 해도 학교생활에 적응하기 어려운 특수학급 학생이었다. 그러나 요즘은 매일 아침 연못에 들어가 물고기 밥 주는 재미에 쏙 빠졌다.
각 교실에서 매일 이루어지는 체험학습도 학생들 사이에서 인기다. 지난달에는 각 반에서 누에를 쳤다. 부화한 지 20일이 지난 누에를 반마다 8마리씩 나누어 주고 매일 아침 학생들이 직접 뽕잎을 먹였다. 전교 48개 반 1,750명의 학생들은 누에가 고치를 틀고 실을 뽑아내는 과정을 생생하게 관찰할 수 있었다. 5학년 전용재(12) 군은 "누에가 얼마나 컸을까 궁금해서 매일 아침 등교를

서둘렀을 정도"라며 활짝 웃었다. 이 교장은 "풀과 나무, 곤충의 성장과정을 직접 눈으로 보고 느껴야만 자연의 소중함을 알 수 있다."면서 "꽃 이름 외우기, 나무에 편지쓰기, 달팽이 기르기 등 이벤트와 학습을 접목시킨 프로그램은 인성교육에 큰 도움이 된다."라고 말했다.

(서울신문 2004. 7. 13 발췌)

최근에 와서 학교의 담장을 없애고, 숲을 조성하며, 정원을 가꾸어 학습에 활용하는 사례가 늘어나고 있다. 또한 학교 내에 자연을 체험할 수 있는 공간 마련으로 학교 폭력이 감소하였으며, 지역주민의 발길이 잦아지며 사회적인 기능을 담당하고 있다. 삭막한 콘크리트 건물들과 흙먼지로 뒤덮였던 학교가 녹지를 조성할 경우 학생들의 정서를 순화해 학교폭력 예방에 효과가 있다. 일본에서 학교에 녹지가 잘 조성된 학교와 그렇지 못한 학교를 비교했을 때, 폭력 행위나 '왕따'가 더 적게 나타난다는 결과가 보고되기도 했다. 광주광역시 D중학교에서는 교실을 꽃으로 장식하였을 때, 한 학기 동안 학급 성적이 평균 1점 상승하였고 남학생들의 폭력 및 사고율이 줄어들었으며, 교우관계 개선 및 인사성 향상 등의 효과가 있었다. 또한 군산의 M고등학교에서는 학급 출석률이 저조한 학생들에게 교실 내의 화분을 돌보도록 유도한 결과, 식물을 돌보기 위해 출석률이 높아졌으며, 인성에 긍정적인 영향을 미쳤다.

학교에서 식물과 동물을 기르며, 체험학습으로 활용하고 인성발달을 돕는 사례는 도시농업을 잘 보여주고 있다. 자연을 체험할 기회가 적으며, 삭막한 환경에서 과도한 학습에 내몰리는 도시의 학생들에게 농업을 매개로 한 학교생활은 다양한 측면에서 유익을 갖고 있다. 자연을 이용한 경험이 바탕이 되는 학습이 이루어짐으로써 학과 공부에 흥미를 유발하고, 높은 학습효과를 거둘 수 있다. 교실에 한정되어 있는 학습환경에 녹색의 자연을 도입하여 스트레스를 경감시키며, 생명을 소중히 여기는 체험을 할 수 있다.

■도심 및 근교, 농촌에서 이루어지는 농업체험

소비에서 생산으로-주말농장 체험

13일 오후 서울 서초구 원지동에 있는 한 주말농장.
권명광 홍익대 수석부총장(63, 서울 영등포구 여의도동)이 뙤약볕에서 잡초를 뽑고 있다. 부인과 아들 내외는 다 자란 상추를 따고, 손자는 제 몸집만 한 물통으로 물을 주느라 분주하다. 온 가족이 일요일마다 주말농장에 나와 농사를 짓기 시작한 지 이제 3년째. 농약이나 제초제를 쓰지 않기 때문에 잡초를 솎아 주는 게 번거롭지만 그래도 흐뭇하기만 하다.
"손자에게 농약이 들어간 야채를 먹이는 게 늘 마음에 걸렸는데, 내 손으로 지어 먹이니 의심할 여지가 없죠." 3평 남짓한 밭에서 나오는 채소류는 다섯 식구가 끼마다 먹는데도 늘 남아 이웃에 나누어 준다. 농심(農心)이 아파트 벽을 허무는 것이다.

(동아일보 2004. 6. 24 발췌)

테마가 있는 도시근교 농장-라벤더 농장

2005년 6월 의왕 백운호수에 자리 잡은 라벤더 농장에서 도시민을 위한 라벤더 축제를 진행하였다. 이 농장은 오감을 만족시키는 허브 중에서 가장 쉽고 널리 이용될 수 있는 라벤더를 중심으로 재배하고 있다. 또한 재배한 허브를 판매하는 것에서 나아가 도시민에게 허브의 유익과 이용 방법을 알리기 위해 각종 허브교실을 마련하였다. 또한 라벤더가 보라색 꽃을 피울 시기에 마련된 축제는 도시민에게 색다른 체험을 제공하였다. 꽃의 아름다움을 느낄 수 있고, 바람결에 허브향을 맡으며, 라벤더를 이용한 각종 화장수, 비누, 술 만들기 등의 프로그램이 진행되었다.

배꽃 축제

"농산물 생산도 농촌관광이나 문화공연과 연계시키면 소득이 크게 올라갑니다." 경기도 화성시 비봉면 구포리에서 2만 2,000평 규모의 배 과수원 현명농장을 운영하는 이윤현 씨(57)의 연매출은 7억 5,000만 원에 달한다.

백화점과 할인점, 인터넷을 통해 '현명농장' 이라는 브랜드로 팔리는 배는 7.5kg에 3만 1,000~3만 9,000원으로 보통 배보다 10~20% 비싸지만 없어서 못 팔 정도로 인기가 높다. 생산량의 20%는 하와이와 대만 등 동남아시아에 수출한다.

현명농장이 전국에 알려진 것은 배꽃축제와 배따기축제 때문이다.

이 씨는 해마다 줄어드는 매출을 고민하다 지난 2002년 4월과 10월 배꽃축제와 배따기축제를 열었다. 축제에는 배 농장 견학, 시식행사 외에 유명 바이올리니스트 등을 초대하는 농장 음악회를 곁들였고 친환경 농산물 직거래장터도 마련했다.

"맛있는 배인지 알려면 눈으로 봐선 몰라요. 먹어 봐야 알 수 있죠. 축제를 하면서 친환경 농법으로 재배하는 현장이 자연스럽게 알려졌고 배 맛을 본 소비자들이 다시 찾게 됐죠." 농장은 배꽃축제와 배따기축제 이후 도시민들 사이에 입소문이 퍼졌고 연간 2,000여 명이 다녀가는 농촌관광 코스가 됐다.

현재 이 씨의 배를 정기적으로 구입하는 단골 회원만 500명에 달한다.

(문화일보 2005. 1. 6 발췌)

도심의 작은 공터, 도시와 가까운 근교의 농장 그리고 농촌에서 다양한 농업활동이 진행되고 있다. 도시민이 농업활동을 할 수 있는 공간과 프로그램 마련은 이용하는 도시민들에게 활력을 불어넣어 준다. 먹거리를 손수 재배하고, 생활용품을 만들어 보고, 수확과정에 참여하며 도시민은 즐거움과 보람뿐만 아니라 도시와 농촌이 가까워지는 계기를 얻게 된다.

친근하고 재미있게 다가오는 농업활동으로 도시민은 농업에 대한 이해를 넓히는 계기를 갖게 된다. 농업이 힘들고 어려운 일이기보다, 보람차고 즐거운 활동이며 정서적인 안정감과 편안함을 느낄 수 있는 활동으로 받아들이게 된다. 도시민의 이러한 체험과 교류는 도시와 농촌이 함께 발전하는 기회가 된다.

■ 행사

2005 도농교류 페스티벌

서울 도심에서 온 가족이 농촌생활을 체험할 수 있는 '제1회 농산어촌체험 박람회-2005 도농교류 페스티벌' 이 27일 화려한 막을 올렸다. 농림부가 주최하고 농업기반공사가 주관한 이번 행사는 문화일보와 농협중앙회 등의 후원으로 5월 1일까지 서울 강남구 대치동 서울무역전시장(SETEC)에서 열린다.

도농교류를 활성화하고 농촌에 대한 도시민의 이해를 높이기 위해 마련된 이번 행사에는 농 · 산 · 어촌의 생명체험, 아름다움, 정보 · 문화 등 3개 주제로 나눠 300개 전시부스에서 펼쳐진다. 행사 기간 전시장에서는 흙놀이, 짚공예품 만들기, 콩도리깨질 등 가족 · 연인과 함께 농촌문화를 체험할 수 있는 다양한 이벤트와 공연이 마련된다.

서울 강남구 대치동 서울무역전시장(SETEC)에서 27일 개막된 '2005 도농교류 페스티벌' 은 첫날부터 수많은 관람 인파가 몰리면서 높은 인기를 실감케 했다. 특히 '제1회 농산어촌 체험박람회' 라는 슬로건에 걸맞게 주최측은 전국 방방곡곡의 다양한 특산물과 각종 농촌체험 프로그램을 마련, 도시인들이 오랜만에 각박한 도심에서 맛보기 힘든 시골정취에 흠뻑 젖어드는 모습이었다.

어린이들은 "이런 것 처음 봐요." 하며 신기해했다. ○○전시장은 어린이들에게는 '신나는 놀이장소' 였다. 특히 전통 벼타작 체험과 새총 만들기, 나무 깎기 등 각종 체험 프로그램은 인기만점이었다. 이날 유치원 선생님의 인솔로 단체 관람 왔다는 이찬원 군(5)은 직접 벼타작을 해 본 뒤 "이런 것 처음 해 봐요. 너무 신기하고 재밌어요." 라며 환호성을 질렀다.

다섯 살배기 아들을 데리고 나온 주부 이숙희 씨(34)는 "아무래도 고향이 서울이다 보니 아이가 자연을 접할 기회가 없어 걱정했는데, 이 같은 행사가 열려서 다행"이라고 말했다.

○○서울무역전시관 입구는 마치 남도의 보리밭이 옮겨온 듯했다. 전시관 앞 400평 규모의 광장에 전북 고창군에서 보리 화분 2만 개를 전시해 놓았기 때문. 또 광장 한편에는 전북 순창 고추장 마을의 고추장 담그기, 경

기도 양평 신론리 외갓집 체험마을의 두부 · 인절미 만들기 체험행사도 많은 관심을 끌었고, 제주 조랑말 타기 체험은 단골 체험코스였다. 한편 제3관에 위치한 농협중앙회 부스에는 농촌사랑운동본부 회원에 가입하려는 관람객들로 성황을 이뤘다. 대학생 박지영 씨(여 · 22)는 "젊은 사람도 '농촌사랑' 에 동참해야 한다는 생각에 농촌사랑운동본부 회원에 가입했다."고 말했다.

(문화일보 2005. 4. 28 발췌)

삶의 동반자로서 농업인과 도시민이 함께 어우러질 수 있는 자리가 늘어나고 있다. 급속한 산업화와 더불어 분리되었던 도시와 농촌이 교류를 활발히 하며, 서로의 건강한 발전에 긍정적인 역할을 담당하기 시작하였다. 2005년 처음 개최된 도 · 농 교류 페스티벌은 이런 의미에서 매우 상징적인 행사로 자리매김된다. 도시농업은 도시와 농촌이 함께 잘 살며, 지속가능한 사회로 발전하기 위한 도시민의 적극적인 참여가 핵심이다. 이를 위해 도시가 적극적으로 농촌, 농업인과 쉽고 즐거운 교류의 장을 마련할 때 비로소 활성화될 수 있다. 금번의 도 · 농 교류 페스티벌은 도시와 농촌이 만남을 촉진하는 계기가 되었으며, 효과는 점차 확산될 것이다.

세계 도시농업 사례

역사 속에서 형성되어 온 도시농업은 각 국가가 직면한 상황에 따라 실행 목적은 각기 다른 측면에 중점을 두고 있다. 개발도상국과 선진국에서 전개된 도시농업은 충분한 영양식품 섭취, 식품 공급 시스템의 개선을 중점으로 발전되었다.

■국가적 식량 자립성을 위한 쿠바의 도시농업

2001년 소련의 붕괴와 미국의 경제봉쇄로 인한 쿠바 경제위기는 국가 모든 부문에 파급을 미치며 경제붕괴로 이어졌다. 경제위기의 타격을 가장 크게 받은 것은 식료품 공급으로서, 비료 및 농업에 필요한 물품의 원조가 끊기고, 운송을 위한 석유 공급이 급격히 감소되면서 나타나게 되었다. 이러한 상황에서 발생된 식량위기는 나라 전체를 흔들었으며 그중에서도 도시가 가장 큰 영향을 받았고 특히 수도 아바나의 피해는 치명적이었다. 쿠바의 도시농업은 시민들에 의하여 자연발생적으로 시작되어 앞마당, 발코니, 옥상에서 채소를 재배해 먹기 시작한 것이다. 국민들의 건강한 생존을 위하여 국가에서는 시민에게 토지를 빌려주고 길거리에서도 농사를 짓는 도시 속의 농업 정책을 펼치게 되었다. 또한 시민들을 위한 농업교육의 거점으로 '컨설팅숍'을 만들었다. 이 컨설팅숍은 도시농가와 텃밭 경작자들의 정보교환과 교육기능을 담당하는 역할을 수행하였다. 도시농업을 유지하려는 쿠바 정부의 노력은 도시농업을 통해 뚜렷한 경제적 이익을 얻기 때문이었고 지금은 없어서는 안 될 관광산업과도 훌륭히 조화를 이루고 있다.

쿠바는 도시농업으로 인하여 다양한 효과를 얻을 수 있었는데 현재 많은 정년퇴직자가 도시농지를 경작하며 삶의 보람을 느끼고 심각한 경제위기 기간에 자칫하면 황폐해지기 쉬운 사람들의 마음에 개인적인 기쁨과 지역주민과 사회적인 교류의 장으로 공동체를 형성하는 데 기여하고 있다.

■ 개발도상국 및 선진국 도시농업

1970년대 중반 즈음 도시농업에 관련된 최초의 국제 프로젝트가 시작되었다. 프랑스의 비정부기구(NGO)와 유엔 식량농업기구(FAO)의 지원으로 아프리카의 가나에서는 도시의 식량자급률을 높이기 위한 프로젝트가 시행되었는데, 1970~1974년까지 4년 동안 채소는 3~4배, 쌀은 17배나 생산량이 증대했다. 잠비아 수도 루사카에서도 채소 자급과 가축 생산 프로젝트를 추진하여 큰 성과를 거두었다. 이러한 사례를 참고하여 유니세프와 세계은행, 그리고 큰 관심을 갖지 않았던 아프리카 여러 정부도 유엔기관과 국제 NGO의 영향을 받아 도시 지원책을 강구하게 되었으나, 1970년대에는 충분한 지원체제가 구축되지 못하여 모든 프로젝트가 성공을 거두지는 못했다.

그러나 시간이 지날수록 도시농업은 오랫동안 도시에서 정착해 살고 있는 도시민들이 더욱 풍요로운 삶을 누리고자 장기적으로 행하는 농업으로 인식이 바뀌어 갔다. 이제는 경제적 수준에 관계없이 도시 모든 계층의 시민이 종사하고 있으며 매년 확대되고 있다. 국제 NGO의 도시농업 지원 지역도 아프리카의 레소토, 보츠와나, 모잠비크, 잠비아, 케냐를 비롯해 필리핀, 칠레 등 전 세계적으로 확대되고 있다.

한편 미국에서는 도시 상점에 있는 채소류의 가격이 교외지역의 큰 슈퍼마켓에 있는 같은 상품보다 3~37%가 비싸며, 도시 상점에서의 식품가격이 인플레이션되면서 도시 저소득층에서 만성적인 건강상태 악화 및 영양 부족과 열악한 식단이 문제로 제기되었다. 1990년 인구조사 및 지역 조사 결과는 지역적인 영양 불균형과 공급되는 식품의 제한성, 싼 가격으로 구입할 수 있는 식품 선택의 폭이 현저히 작은 도시 빈민층이 '무엇을 먹을지에 대한 결정이 제한되어 있음' 을 보고하였다. 여기에 필라델피아에서 진행된 144개에 이르는 공동체정원을 이용한 도시농업 실행의 연구결과는 도시 저소득층의 영양적 유익을 명확히 보여 주었다. 도시농업을 통해 도시민이 재배한 채소는 2~1,134달러에서 평균 160~178달러에 이르렀으며, 더욱이 프로젝트에 참여한 사람들과 가족, 이웃이 함께 생산물을 나눔으로써 영양가 있는 식품의 섭취 및 식품 비용의 절감효과를 가져오게 되었다.[11]

11) Hynes, H. P., & Howe, G. (2004). *Urban Horticulture in the Con-temporary united states: personal and community benefit.* ISHS Acta Horticulture 643, pp. 171-181.

■ 환경회복을 위한 도시농업

미국 및 독일에서 진행된 많은 수의 도시농업은 환경개선 및 미화를 목적으로 활성화되기 시작하였는데, 그중 미국 센트메리어즈 한 농장의 경우 쓰레기 매립지로 여겼으나, 샌프란시스코의 도시농업 연합의 도움을 받아 1994년 도시 청소년 농장으로 문을 열었다. 경사지에 나무를 심고 연못에 습지식물을 심어 수질개선과 멸종위기 동물들의 군락을 형성하는 등 비오톱을 이용한 환경복원을 꾀했다. 이러한 움직임으로 쓰레기 더미와 같은 공원은 청소년들에게 자연체험을 위해 소중한 장소로 변화되었다.

한편 독일의 산업화 초기시대에 만들어진 독일의 분구원은 정부나 공공단체가 도시 내의 유휴지나 공한지를 정원을 갖지 못하는 소시민에게 저렴하게 임대함으로써 농업활동을 통한 건강과 휴식을 도모하도록 한 실용적인 도시 녹지제도로 평가된다. 19세기 중엽부터 산업화가 빠르게 진행됨에 따라 도시에 인구가 집중되고 주거환경이 악화되면서 도시민들은 점차 사라져가는 도시 속의 자연을 그리워하게 되었다. 그리하여 독일의 초기 분구원은 자연을 가까이 두고 싶은 도시민의 요구 속에서 등장하였으며, 현재까지 활발히 활용되는 도시농업의 사례다. 현재의 분구원은 제2차 세계 대전을 기점으로 다른 목적으로 사용되기 시작하였는데, 여가 및 레크리에이션 장소로서의 이용이 그것이다. 세계 대전이 끝난 시점에 독일에서는 전후 복구를 위해 '건전한 육체에 건전한 정신'이란 구호를 가지고 전 국토에 걸친 녹화사업을 전개하기 시작했다. 이와 함께 분구원의 복원사업이 진행되었으며, 이로 인해 각 도시마다의 피폐된 분구원들을 복구하기 위한 체계적인 현대화 계획을 추진하게 되었다. 이 계획에서 가장 큰 특징은 일반 시민을 대상으로 한 여가 및 레크리에이션의 공간으로 복원하는 것이었다.

■ 취미와 여가를 위한 도시농업

일본에서는 남아도는 농지에 대한 문제해결과 도시와 농촌 간의 교류를 확대하기 위하여 독일 분구원 제도를 도입하였으나 유럽과는 기후, 문화, 환경, 토지제도가 다르기 때문에 일본의 실정에 맞는 시민농원을 개발하였으며 정책적으로 이를 보완하기 위한 노력이 이루어졌다. 일본의 시민농원 도입은 1981년 시가지역 내에 농지에 대한 분구원 형태의 녹지사업을 도시공원법에 개정함으로써 제도화되었다.

일본은 '특정 농지의 임대에 관한 농지법 등 특례에 관한 법률'(1989)을 제정하여 농업인 이외의 사람들이 지방공공단체 또는 농협조합을 통하여 비영리적인 목적으로 소규모의 농지를 이용할 수 있도록 하였다. 그리고 1990년 5월에는 시민농원정비 촉진법을 제정함으로 레크리에이션 용도의 농지 이외 휴식시설을 포함하여 도시민이 시민농원을 효율적으로 관리하도록 하였다. 이처럼 도시농업 형태의 하나인 생활녹지로서

사진: 일본 도쿄 외곽에 위치한 도시농업공원.
고속도로 고가 밑의 공간을 활용하여 도시미관을 향상시키고, 지역주민들의 접근이 용이한 곳에 위치하여 시민들의 농업체험 및 휴식공간으로 제공되고 있다.

기능과 가치가 높이 평가되어 1992년에 생산 녹지법이 개정되어 녹지기능을 적극적으로 보전하게 되었다. 일본 시민농원 연구회의 통계에 따르면 1999년 일본 내의 시민농원 수는 전국 6,138개소로서, 1990년 이후 급격하게 증가한 것으로 나타났다. 이 시민농원 연구회는 계속적인 연구와 시민농원 국내외 심포지엄 개최, 시민농원 책자 출판 등 활발한 활동으로 시민들의 참여를 유도하고 있다.[12)]

■공동체의 발전을 위한 도시농업

공동체 발전에 기여한 도시농업의 사례는 뉴욕시의 공동주택 정원 콘테스트가 있다. 뉴욕 시 주택 당국이 공동주택 거주자와 당국 사이의 대화와 교감을 증진시키기 위해 공동주택 거주자 정원 콘테스트를 1962년부터 시작하였다. 이러한 공동체정원 콘테스트는 정부가 기대하는 것 이상으로 지역주민의 긍정적인 변화를 얻는 계기를 마련하게 되었다. 오늘날까지 지속되고 있는 이 프로그램은 대회에 참가를 희망하는 거주자에게 그들의 건물 주변 작은 땅을 지정해 주고 식물과 그 밖의 다른 자재들을 위한 적은 액수의 돈을 각각의 참가자들에게 제공해 준다. 거주자는 자신의 정원을 디자인하고 그 곳에 쓰일 식물을 결정하고 재배하는 등 정원을 가꾸는 일을 하게 된다. 처음 이 프로그램은 당국과 지역 주민 모두 단순한 정원 장식을 위한 활동쯤으로 생각하였으나 참가자들은 공동체정원의 중요성이 식물에게 있는 것이 아니라 정원을 가꾸는 사람들 간의 반응에 있음을 알게 되었다. 거주자가 주택공사에게 보낸 편지에서 이 공동체정원이 무엇보다 중요한 것은 서로가 더 아는 계기가 되었고 정원을 가꾸며 대화의 장소로 이용하게 되었다고 했으며, 해가 지날수록 공동체정원 콘테스트는 사회적 활동으로 초점이 맞추어지고 있다.

12) 김수봉 외(2002). 환경친화적 도시와 도시농업. 환경과학논집, 7(1), 77-91.

■교육적 활용을 위한 도시농업 사례

1995년 미국의 캘리포니아 주의 교육부는 학교 텃밭 프로그램을 만들어 학생들에게 과학, 수학, 국어, 환경, 영양, 건강 등의 과목을 종합적으로 배울 수 있도록 하기 위해 교사, 농업전문가, 영양사들이 모여 텃밭농업 교육 프로그램을 만들었다. 현재 샌프란시스코 내 115개 학교에 텃밭이 있고, 주 전체에는 1,000여 곳 이상이 확대되었다. 학생들은 스스로 학교농장 만들기를 계획하고 직접 채소를 재배하여 식생활 개선을 도왔고, 지역주민에게 판매하여 학교와 지역 간의 교류를 활성화하고 있다.

쿠바는 경제위기 이후에 중요하게 여겨오던 농업교육을 강조하여 초 · 중 · 고교의 교과과정에 농업, 환경교육을 강조하였다. 초등학생, 중학생들이 3일간의 농촌생활을 체험하고 자연에 대하여 배우는 피오네스 에스플로라도어레스라는 제도와 학교에 가까운 하천, 공원 등지에 버려진 쓰레기를 청소하는 등의 환경보호 활동을 적극적으로 벌이고 있다. 또한 도시농업을 통하여 석유가 충분하지 않은 쿠바에서는 학생들에게 재생 가능한 에너지의 사용과 환경교육을 실시함으로써 지속가능한 사회를 일구고 있다.

영국의 LTL(Learning Through Landscapes)는 대표적인 민간단체로 3,600개 이상의 학교가 가입 초기단계에서 실용단계, 활용단계에 교사와 학생들이 농업활동 프로그램을 교육적으로 활용하여 환경의 질을 개선하려는 국가적인 사업으로 정규 교육과정과 비정규 교육과정을 운영하고 있다. 또한 LTL 프로젝트를 통해 학교의 이미지와 특성을 살릴 뿐만 아니라 학생들의 행동과 태도에 긍정적인 영향을 줄 수 있다고 하였다.

캐나다의 에버그린재단(The Eergreen Foundation)은 학교정원을 생태적으로 건강하고 교육적인 자연환경으로 변경하기 위해 학교, 지역 공동체, 정부와 기업체가 참여하는 학교 자연화 프로그램과 지역사회 자연화 프로그램을 운영하고 있다. 학교 자연화 프로그램은 국가적인 프로그램으로 정원 가꾸기와 놀이 시설물을 설치하여 학생에게 다양한 학습과 직접적인 참여학습의 기회를 제공할 수 있도록 도와주며 학교 내 자연환경을 이용한 학습 프로그램도 개발하여 제공하고 있다.

위와 같은 세계 각국의 도시농업 사례는 국가가 필요한 상황에 맞춰 중요하게 다루었던 목적에서 차이를 보이고 있으나, 도시농업의 유익함을 다양하게 보여 주고 있다. 우리나라의 경우는 앞서 언급된 사례들이 지녔던 문제들과 그 문제를 도시농업을 통해 풀어나간 상황이 모두 적용될 수 있다.

도시농업은 국민 개개인의 이로움이 우선적으로 추구됨과 동시에 사회적으로, 생태적으로 그리고 경제적으로 많은 유익과 개선효과를 지니는 효율적인 문제해결 방식을 제안하고 있다. 이는 우리가 도시농업을 실행하였을 때 영향을 미칠 수 있는 다양한 차원의 이익들을 고려하며 진행시킴으로써 도시농업의 활성화라는 세계적인 흐름 속에서 독특하며 종합적으로 발전하는 도시농업의 모델이 됨과 동시에 건강하게 지속되는 사회모습을 이루어 나아갈 것이다.

또한 도시농업은 예방의학이 될 수 있다.

서양에서 최고의 명의로 히포크라테스가 손꼽히듯, 편작은 동양 최고의 명의로 손꼽힌다. 그는 "죽은 사람도 살려낸다."고 할 정도로 중국 전국시대에 가장 영험한 의사였다. 편작의 두 분 형 모두 의사였다. 큰형은 사람들이 병의 증상을 느끼기도 전에 얼굴빛만 보고도 장차 병에 걸릴 것을 미리 알고 치료했고, 둘째형은 사람들의 병세가 미미한 상태에서 그 병을 알아채고 치료하여 사람들은 많이 아프지 않은 상태에서 치료를 받으므로 자신의 병인이 제거되었다는 사실조차 깨닫지 못해 두 형은 세상에 명의로 널리 알려지지 않았다. 그러나 편작은 사람들의 병이 커지고 환자가 고통스런 신음을 할 때가 되어서야 비로소 병을 알아보고 맥을 짚었으며, 진기한 약을 먹이고 살을 도려내는 수술도 해야 했다. 사람들은 그런 의료행위를 보고서야 비로소 자신의 병을 고쳐 주었다고 믿게 되어 편작이 명의로 소문나게 된 까닭이었다. 오늘날의 용어를 빌리면 편작의 두 형은 '예방의학' 이고 편작은 '치료의학' 인 것이다. 사회의 구성원 모두가 병을 예방하도록 하는 것이 복지국가에서 추구하는 예방의학의 정신이다. 바로 이런 점에서 도시농업이 예방의학으로 현대 산업사회에서 의미가 있다.

우리나라는 최근 주 5일 근무제를 비롯 근로시간 단축 논의가 본격화되고 있다. 여가시간의 확대와 소득 향상으로 향후 여가수요가 크게 증대될 것으로 예상됨에 따라 국민들이 여가를 건전하게 즐길 수 있는 저비용 자아실현과 재창조(Recreation)를 위한 여가시설의 확충이 요구된다. 그것은 바로 도시농업(都市濃業, Urban Agriculture)을 대안으로 제시하고 우리나라 전반에 폭넓게 전개해야 할 것이다.

3
농업활동과 심신치유

주말이면 등산을 가고, 골프를 친다. 자연 속에서 운동을 하면서 스트레스를 풀기 위함이다. 농업활동은 자연과 함께 스트레스를 풀고 건강한 체력과 정신을 유지할 수 있는 생산적인 활동이다.

- 신체적 건강증진
- 농업활동으로 더해가는 심리적 풍요로움

3 농업활동과 심신치유

식물과 동물을 양육하고 이용하며, 자연을 즐기는 도시농업으로 우리는 인간의 다양한 측면에서 볼 수 있는 연속적인 경험의 유익을 얻을 수 있다. 농업의 의미인 식량생산과 경작활동을 통해 우리는 신체적 도움을 받게 되며, 생명을 담고 있는 자연에 대한 경외감과 영혼의 체험까지 할 수 있다. 배고픔을 해결할 수 있으며, 공동체의 구성원으로 소속감을 느낄 수 있고 건전한 사회발전에 기여하는 경험을 나눌 수 있다. 단순한 자연탐색에서 정확한 간격으로 식물을 옮겨 심는 등 주의를 요하는 세심한 행동의 연습까지 할 수 있다. 그리고 홀로 조용한 시간을 가지며 완성하고 결실을 맺을 수 있는 체험과 동시에 다른 사람과의 경험 공유 등 우리가 농업활동을 통해 얻는 경험은 연속적이며 다양한 차원에서 이루어질 수 있다.

〈표 3-1〉 도시농업을 통해 우리가 얻는 체험

신체(body)	정신(mind)	영혼(spirit)
↔		
다양한 근육을 사용한 운동으로 신체적 유익을 얻을 수 있으며, 식물의 열매를 맺는 체험으로 자신감과 성취감을 경험할 수 있다. 자연과 연결됨으로써 사랑, 신과의 관계 등 정신보다 더 깊은 영혼을 알게 한다.		
무선적 탐색 (random searching)		**통제된 행동 (controlled action)**
↔		
단순히 자연 속에서 휴식을 취하는 경험과 주의를 요하는 세심한 작업으로 절도 있는 행동을 구성해 보는 체험까지 할 수 있다.		
단순한 욕구 (simple needs)		**복잡한 다양성 (complex diversity)**
↔		
배 고픔과 스트레스 해소 욕구를 충족시킬 수 있으며, 공동체에 소속되어 사랑과 인정을 나누는 관계를 새롭게 형성하거나 나와 사회를 가꾸어 나가며 식물, 인간, 환경과의 조화로움까지 체험할 수 있다.		
개인 (individual)		**사회적 상호작용 (social interaction)**
↔		
스스로의 힘으로 완성하고 결실을 맺을 수 있는 경험과 다른 사람들과 공동으로 작업하며 편안한 상호작용을 나누는 기회가 된다.		

신체적 건강증진

현대인을 위협하는 많은 질병은 생활과 식습관에서 출발하며, 스트레스가 크게 작용하기 때문이다. 따라서 예방과 치료를 위한 처방은 생활습관과 식습관을 개선시키는 것에서 출발할 수 있다. 한 심리학자는 자극적인 음식과 문화 등으로 인해 서로에게 시한폭탄과 같은 존재가 되었다고 분석하였다.[1] 우리에게 가장 좋은 식단은 소박하고 담백한 우리 전통음식이다. 농경생활로 발달하게 된 전통음식 문화는 동방예의지국이라는 문화 형성에 기여하였다.

도시농업은 현대 도시민의 균형잡힌 식생활에 기여하며, 부족하기 쉬운 운동적 측면에서 도움을 준다. 안전하고 신선한 채소 및 과일은 탄수화물과 동물성 단백질 과잉의 식단에 균형을 유지해 준다. 농업은 정교한 소근육 사용 작업부터 괭이질과 같은 대근육 사용을 유도한다. 그리고 실내생활이 대부분을 차지하는 도시민에게 식물과 함께하는 도시농업은 공기개선 효과까지 가져온다.

식물의 광합성 작용으로 우리가 얻는 이로움은 식량에서 깨끗한 공기에 이르기까지 포괄적이다. 광합성은 식물이 빛과 물, 이산화탄소를 흡수함으로써 산소와 유기물을 생성하는 과정을 말한다. 식물이 만들어 내는 산소는 우리의 호흡에 필수적인 기체가 되며 유기물은 생명유지를 위해 필요한 영양분(탄수화물)을 흡수하는 통로가 된다.

식물에 함유되어 있는 각종 영양소는 사람의 신체에 식품, 영양, 질병예방의 중요한 역할을 하며 채소, 과일들은 우리의 몸을 건강하게 유지하는 데 도움이 된다. 예를 들어, 식물에 있는 비타민과 항산화물질을 섭취하여 암 발생을 억제하고 면역을 증가시킨다.

1) 뉴스메이커(2005). 7월 8일.

〈표 3-2〉 색으로 분류한 농업산물의 효능

색깔	종류	효능
붉은색	토마토, 딸기, 수박, 버찌, 자두, 피망, 빨간고추, 사과, 비트, 대추, 당근, 강낭콩	리코펜(붉은 색소), 안토시아닌, 비타민 C, B, E, 셀레늄 항암효과, 동맥경화, 심장병, 암예방, 알코올 분해, 노화방지, 소염작용, 콜레스테롤 강하, 관절염 예방, 혈액순환 촉진, 소화
노란색	파인애플, 오렌지, 레몬, 감, 감귤, 당근, 호박, 단호박, 옥수수, 고구마, 콩나물, 배	카로티노이드(노란 색소), 비타민 A, C, 무기질 항암효과, 노화지연, 소화촉진, 섬유소(비만예방), 동맥경화, 심장질환, 치매예방 루테인(옥수수)–눈의 건강 아스파라긴산(콩나물)–숙취해소 칼륨(참외)–변비예방 쿠쿨비타신(참외)–항암효과 트리고넬린(호박)–콜레스테롤 강하, 이뇨작용 메티오닌(호박씨)–간의 보호
초록색	배추, 양배추, 상추, 쑥갓, 냉이, 시금치, 청사과, 청포도, 참다래, 브로콜리, 녹차, 오이, 두릅, 매실, 들깻잎, 완두콩, 샐러리, 미나리, 파, 머위	클로로필(녹색 색소), 비타민 A, C, 무기질 함암효과, 세포활력 유지, 해독작용, 피로회복, 간과 쓸개 건강, 콜레스테롤 강하, 신진대사, 노화억제 카테킨(녹차)–콜레스테롤 강하 비타민 B, C(양배추) 설포라페인(브로콜리)–항암효과
파랑/보라	가지, 포도, 샐러리, 산머루	안토시아닌(파란 색소), 비타민 A, C, 무기질 심장병, 고혈압, 뇌경색 예방, 항암효과, 피로회복, 시력증진 플라보노이드(포도껍질)–혈전 억제, 심장병, 동맥경화 폴리페놀 성분(포도)–발암유발물질 억제, 건선, 동맥경화 억제
흰색	버섯류, 도라지, 무, 콩나물, 양파, 배, 백도, 마늘, 생강, 연근, 파, 참외, 배추	플라보노이드(흰색 색소), 비타민 A, C, 무기질 콜레스테롤 강하, 심장병 예방, 산화작용 억제, 유해물질 배출, 저항력 증가, 폐, 기관지에 효과 인돌(배추)–암예방 라이신(양배추)–뇌세포 기능활성
검은색	검은콩, 검은깨, 흑미, 흑임자, 메밀	안토시아닌(검은 색소), 비타민 A, C, 무기질 노화방지, 암세포 증식억제, 면역력 향상, 신장기능과 시력 향상, 수분대사 촉진

또한 도시농업은 운동효과가 있는데, 한 시간의 제초작업은 300cal를 소모한다. 이는 한 시간의 자전거 타기나 빠른 보행과 같은 에너지를 소모하는 양이다. 근육조정과 사용하지 않는 근육의 단련에 효과적이며 기본적인 운동근육 기능의 발달 및 향상을 가져올 수 있다. 괭이질은 79~98cal가 소모되는데 조깅(91~100cal)이나 계단 오르기(79~91cal)와 비슷한 양의 에너지를 소모한다. 물조리개를 이용하여 물주기를 할 때 33~48cal, 씨앗 파종은 23~46cal의 에너지를 소모하므로 이러한 정원에서의 농업활동은 운동효과가 있음을 알 수 있다.

근래에 들어 많은 관심을 받고 있는 새집 증후군 해소에 기여하는 식물의 역할도 도시농업이 주는 중요한 유익이다. 새집 증후군은 집이나 건물을 새로 지을 때 사용하는 건축자재나 벽지 등에서 나오는 유해물질로 인해 거주자들이 느끼는 건강상 문제 및 불쾌감을 말한다. 새집 증후군을 유발하는 원인에는 각종 미세먼지에서 접착제에 이르기까지 다양하다.

〈표 3-3〉 새집 증후군 완화에 기여한 도시농업

새집 증후군	
정의	집이나 건물을 새로 지을 때 사용하는 건축자재나 벽지 등에서 나오는 유해물질로 인해 거주자들이 느끼는 건강상 문제 및 불쾌감을 주는 것이다. 1984년 세계보건기구(WHO)에서는 신규 건축건물 및 리모델링이 이루어진 건물의 입주자 중 약 30% 정도가 실내 대기질(IAQ: Indoor Air Quality)로 심하게 영향을 받는 것으로 나타났다.
증상	두통, 구토, 눈과 목의 통증, 아토피성 피부염, 맥관부종(두드러기), 천식, 만성 피로, 불면, 불안, 초조, 요통, 피로감, 천식, 급성폐렴, 고열, 두통, 눈 · 코 · 목의 자극, 기침, 가려움증, 현기증, 피로감, 집중력 저하, 심장병, 암
실내오염 물질원	장판의 포름알데히드, 석면, 바닥재의 방부재, 방향제의 메틸알코올, 이소프로판올, 소파에 사용된 방부제와 염화메틸렌, 벽지, 주방의 프로판 가스, 가구의 접착제와 방부제의 포름알데히드, 벤젠, 톨루엔, 클로로포름, 아세톤, 스티렌 등의 발암물질
개선	실내 식물 식재로 오염물질 흡수 및 흡착

새집 증후군을 완화하기 위한 방안은 증상을 유발하는 오염원을 제거하는 것이다. 식물은 미세먼지와 유독물질을 흡수하며, 산소를 공급하고 습도를 조절하는 등 쾌적한 실내환경 조성에 기여한다. 식물을 곁에 두고, 자연을 가까이하는 도시농업은 우리가 신체적인 건강을 유지하는 데 도움이 된다.

농업활동으로 더해가는 심리적 풍요로움

즐거움

사람들이 즐거움을 느끼는 경험은 여덟 가지의 요소를 갖고 있다. 어떤 사람이 자신의 경험이 즐겁다고 할 때에는 이 요소들 가운데 적어도 한 가지의 요소를 충족시킬 때다.

첫째, 그 경험이 자신이 완성시킬 수 있는 일일 때 일어난다.
둘째, 자신이 하고 있는 일에 집중할 수 있어야 한다.
셋째, 하고 있는 일에 대한 명확한 목표가 있어야 한다.
넷째, 그 일에 대한 즉각적인 피드백을 받을 수 있어야 한다.
다섯째, 일상에 대한 걱정이나 좌절을 생각하지 않고 자연스럽게 몰입할 수 있어야 한다.
여섯째, 즐거운 경험은 사람들에게 자신의 행동에 대한 통제감을 느끼게 해 준다.
일곱째, 경험이 진행되는 동안에는 자신에 대한 의식이 사라지며, 그 경험이 끝나면 자신에 대한 감각은 더욱 강해진다.
여덟째, 시간의 개념이 왜곡된다. 몇 시간을 몇 분인 것처럼 느끼고, 몇 분을 몇 시간처럼 느끼기도 한다.[2)]

2) Csikszentmihalyi, M. (2004). *Flow*(최인수 역). 서울: 한울림.

도시농업을 통해 우리는 즐거움을 느낀다. 식물을 양육하고 동물을 돌보는 행동은 우리가 즐거움을 느끼기 위한 여덟 가지의 구성 요소 모두를 충족시키기 때문이다. 예를 들어, 집에서 작은 화분을 키운다고 했을 때, 그 화분 속의 식물이 꽃을 피우기 위해 우리는 항상 돌보게 된다. 첫 번째 요소인 '완성'은 우리가 그 식물이 꽃을 피우는 순간까지 우리 자신의 힘을 쏟아부으며 완성시킬 수 있다.

둘째, 자연은 노력하지 않아도 우리의 주의를 잡는다. 무의식적으로 길을 걷다가 문득 발견한 민들레꽃 한 송이가 우리의 시선을 끈다.

셋째, 화분을 키우는 데 목표를 설정할 수 있다. 아름다운 꽃 한 송이를 피우거나, 다섯 송이를 피우려 한다면 그에 맞는 돌보기나 가꾸기를 계획하고 진행할 수 있다.

넷째, 식물은 우리의 돌봄과 방치에 대해 즉각적인 피드백을 준다. 물을 주었을 때는 싱싱하고 푸르게 성장하나, 물을 주지 않으면 곧 시들어 버린다.

다섯째, 푸르른 식물의 잎을 바라보며, 물을 주고 화분을 갈아 주는 활동, 숲을 거니는 행동은 우리 일상의 복잡한 문제에서 잠시 떠나는 기회를 준다.

여섯째, 화분을 키우는 경험에서 우리는 모든 일에 대한 선택권을 갖고 있다. 식물의 선택에서 화분의 선택, 물을 주는 시간의 선택, 화분을 갈아 주는 시기의 선택 등이 그것이다.

일곱째, 다른 생명체를 돌보며 함께하는 순간의 경험은 우리 자신보다, 그 생명체에 대한 관심을 증가시킨다. 따라서 자신에 대한 의식이 거의 없는 경험을 하며, 그 경험이 끝났을 때 자신이 한 일에 대해 깨닫게 된다. 여기에서 우리는 자아에 대한 인식이 더욱 강해진다.

여덟째, 녹색은 심신을 편안하게 이완하고 명상에 잠길 수 있게 하는 평화로운 색이다. 식물들과 마주하는 순간, 동물들의 움직임을 바라보는 순간 우리는 쉽게 시간에서 분리되는 경험을 가질 수 있다.

사진: 자신이 심은 강낭콩을 보고 있는 6세 아동과 관찰 내용.
식물은 사람이 거부감 없이 집중할 수 있는 좋은 매개체가 된다. 또한 천천히 그러나 끊임없이 변화하는 모습을 통해 양육하는 행동에 몰입할 수 있다.

생명을 돌보며 얻는 기쁨

생명을 돌본다는 것은 개인의 삶에서 소중한 체험이 된다. 현대인, 특히 도시에 살고 있는 도시민의 삶은 양육과 획득이 균형잡힌 생활 가운데 양육하는 경험이 부족하며, 이는 건조하며 황폐한 심성을 불러일으킬 수 있다. 농촌과 농업을 잊고 살아가는 도시민에게 매일 슈퍼마켓에서 구입하는 작은 상추 한 단은 단지 '식품'에 불과하다. 상추 한 잎에 담긴 생명의 신비함이나 그것을 키운 사람의 정성과 노력은 느끼지 못하는 것이다.

사람의 감정이 풍부해지고, 기쁨을 느끼는 것은 자신의 행동을 통해 얻게 된 체험들이 하나로 통합될 때 나타나며, 세심한 주의와 노력을 기울였을 때 느끼게 된다. 즉, 내가 손을 움직이고, 눈으로 세심히 관찰하고, 코로 냄새를 맡아 보며, 입으로 맛을 보는 등 오감으로 느끼는 과정이 모두 합쳐져 내가 기쁨을 느낄 수 있는 것이다.

도시농업은 도시민들에게 기쁨을 느낄 수 있는 활동의 기회를 준다. 도시민이 식물을 키워 열매를 맺고 수확해서 음식을 만들어 먹거나 유용한 무엇으로 만들어 가는 과정은 일상생활 중에서 접하기 어렵다. 도시민이 도시농업 실행으로 얻는 체험은 풍부한 감성을 불러일으키기에 충분하며, 작은 노력으로 경험할 수 있다.

도시농업을 통해 식물의 성장에 참여하게 될 경우, 우리는 두 가지의 행동을 하게 되는데, 하나는 식물의 성장에 직접적으로 참여하는 '키우

〈표 3-4〉 농업활동에서 감각체험과 동작체험과의 상호작용

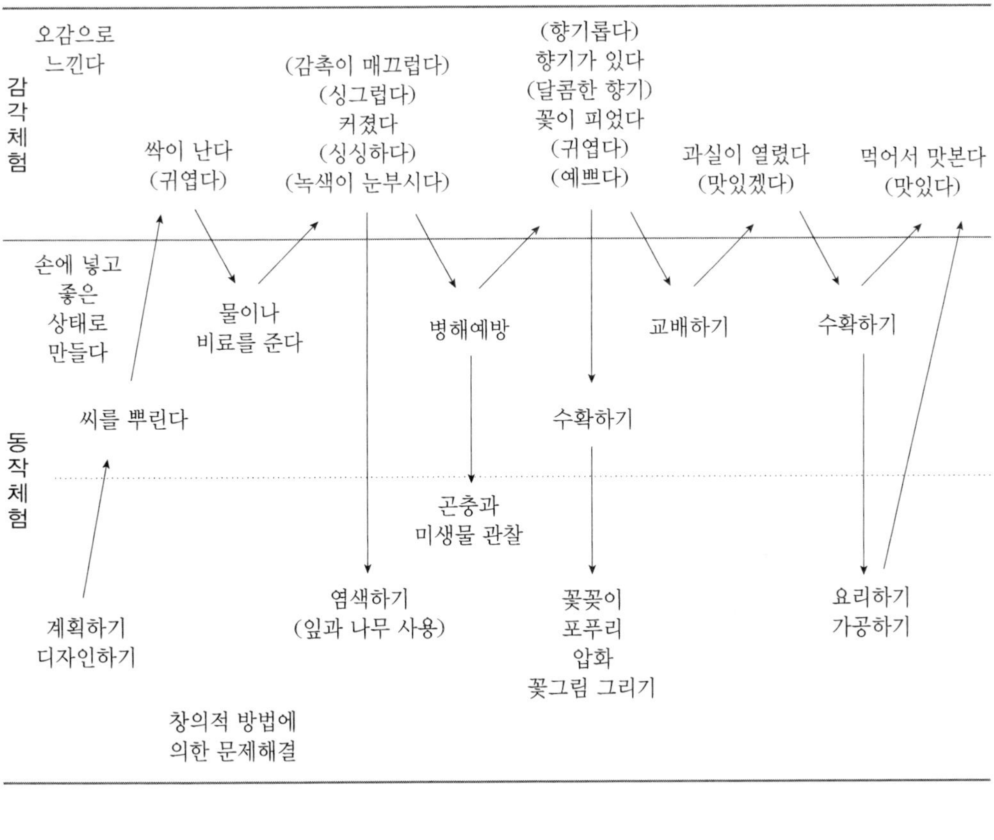

는(양육)' 행동이다. 식물을 양육할 때, 주로 우리의 오감(五感)을 이용하며 이러한 감각적인 체험을 토대로 창의적으로 문제를 해결하며 무엇인가를 만들어 나가는 동작체험을 함께 하게 된다. 다른 하나는 식물 성장에 직접적인 관여를 하지 않는 행동들로서, 식물의 생산물을 이용해 요리를 하거나, 장식물을 만드는 행동을 의미한다. 이 과정에서 우리는 성취함과 만족감, 자아존중감, 기쁨 등을 느끼게 된다.

생명을 양육하는 과정과 생산물을 획득해 이용하는 과정은 우리에게 깊이 있는 배움의 기회를 제공한다. 현대사회에서 강조된 획득(이용)의 경험은 그 결과를 이루어 가는 과정의 중요성을 놓치게 된다. 그러나 양육에서 이용까지 과정이 있을 때 진정한 성취감을 느끼게 하며, 기쁨을 갖게 한다. 기다림, 인내, 장기적 안목, 타인에 대한 배려 등의 경험은 생명체를 양육함으로써 얻을 수 있는 소중한 체험이 된다.

〈표 3-5〉 획득과 양육의 특성

	획득(사냥하다)	양육(기르다)
대상	비생물 생물	생물
주체	자신	대상
관계형성 방법	주체적 의도적	객관적 양육적
관계가 형성되는 시간	짧다	길다
목적 달성	쉽다	시간이 걸린다 인내가 필요하다

사람이 진화해 오면서, 본능적이고 동물적인 특성과 동시에 창조적이며 인간적인 특성을 지니게 한 결정적인 계기는 도구의 사용과 더불어 농경의 시작이라 볼 수 있다. 이는 단순히 자신의 자손들을 키우는 경험에 멈추지 않고, 인류가 아닌 다른 생명체들을 양육하게 되었기 때문이다. 그러한 경험의 확장을 통해 우리는 다른 생명의 성장에 대한 이해를 하고

우리 스스로를 생각해 보는 기회를 얻으며, 인간성 함양의 계기가 됐다.

이러한 경험의 특성을 토대로 우리가 느끼는 불안감과 불쾌감 혹은 불만과 초조함의 부정적 감정과 평온함, 안정감 혹은 기쁨과 유쾌함 등 긍정적 감정이 지니는 차이점을 비교할 수 있게 된다. 만약 우리가 동물적/본능적 욕구를 충족시키지 못하였을 때엔 불안함과 불쾌감을 느끼게 되고, 충족되었을 때는 치유의 느낌, 평온함, 안정감과 더불어 쾌감을 느끼게 된다. 인간적/창조적 욕구의 경우 충족되지 못하였을 때, 우리는 불만과 초조를 느끼고, 충족될 경우 진정한 기쁨과 자신감, 여유를 갖게 된다.[3]

〈표 3-6〉 동물적, 인간적 욕구의 충족 여부에 따른 심리상태

욕구의 종류	욕구의 충족 여부		
	부족		충족
동물적 (본능적)	불안, 신경과민, 두려움 불안정한 상태	⟹	치유 안심, 안도, 평온함, 온화함, 조용함 차분함
	불쾌감	⟹	쾌감
인간적 (창조적)	불만, 분노, 불평 성남, 초조, 실망, 자포자기	⟹	기쁨, 유쾌함, 만족 달성감, 자신감, 여유, 행복

다른 생명체의 성장으로 나의 성장을 생각하며 얻는 희망과 안정감

생명을 돌보는 과정을 통해 우리는 '생명'에 대한 이해를 얻고, 삶에 대한 희망과 경외감, 안정감을 갖게 된다. 강낭콩 한 알에서 생명이 싹트고 열매를 맺는 과정에 직접 참여함으로써, 성장이 어떠한 순서로 나아가는지, 열매를 맺기 위해 작은 한 생명체가 어떤 움직임을 보이는지 그

3) Matsuo, E. (2004). *Humanity in Horticulture*, 8th IPPS 발표자료(미발간).

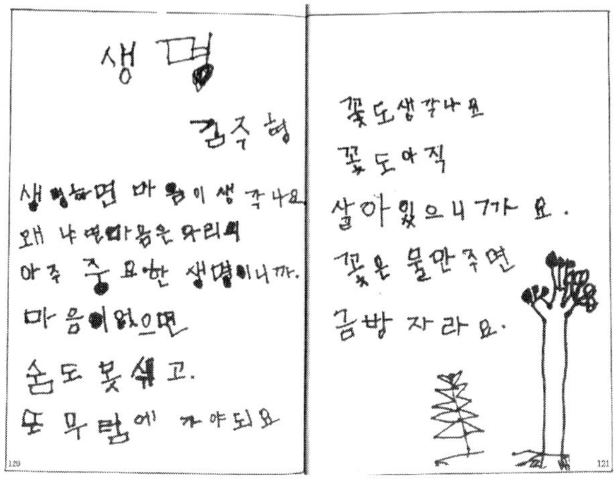

사진: 원예활동을 마친 후 7세 아동이 지은 동시
아동은 식물을 키우며 자연스럽게 사람과의 공통점을 생각하며, 열려 있는 통찰력으로 성장과 변화에 대한 감각을 키워 나간다.

리고 위기를 극복해 나가는 놀라운 생명력을 관찰하게 된다.

이것이 생명이 지니고 있는 특성과 생명의 한살이(생명주기, life cycle)이며, 우리는 자연스럽게 우리의 삶을 생각해 보게 된다. 식물의 성장과 나의 성장을 생각해 보는 기회를 통해 우리는 삶을 살아가는 가운데 만나는 다양한 경험과 현재 내가 놓여 있는 위치와 앞으로 나아가야 할 방향 그리고 나의 삶에서 이루고 싶은 희망 등에 대한 통찰의 기회를 갖게 된다.

식물이 성장하는 모습을 관찰하며 얻게 되는 삶의 지혜들은 우리에게 심리적으로 안정감을 갖게 하며, 희망을 갖고 의욕적인 삶을 살아나갈 수 있는 깨달음을 준다. 이는 작은 한 알의 강낭콩이 10개, 20개의 강낭콩을 맺는 것과 같이, 우리 안에 담겨 있는 무한한 가능성과 생명력을 일깨워 주기 때문이다. 이것은 발달심리학자인 Erikson이 그의 발달이론에서 설명한 잠재력(potential strength) 또는 생명력(vital strength)을 통해 성공적인 삶을 살아갈 수 있다고 주장한 것과 같은 맥락에서 이해될 수 있다.

Erikson은 우리의 내적인 동기와 외적으로 주어지는 문화적이고 사회적인 요구의 상호작용으로 인해 심리 · 사회적 발달을 전 생애에 걸쳐 지속되며, 이것은 크게 여덟 가지의 위기를 해결해 나가는 단계를 거친다고 설명한다. 여덟 가지의 위기해결은 결국 자아정체감의 확립을 향해 나아가며, 성공적으로 위기를 해결하는 것은 부정적인 측면과 긍정적인

〈표 3-7〉 생명력을 원동력으로 성장하는 인간의 발달과정

단계	발달 과업과 위기	생명력 잠재력	특징
1 영아기	신뢰감 대 불신감	희망	세상에 대한 믿음을 얻는 시기로, 부모와의 관계에서 삶의 의욕과 긍정적인 세계관을 갖게 되는 기본 신뢰감을 얻거나, 공포와 의심을 갖는 불신감이 형성된다.
2 유아기	자율성 대 수치심	의지	독립성에 대한 의욕이 허용되는 상황에서는 스스로 할 수 있다는 자율성을 형성하게 되나, 통제된 상황에서는 자신의 능력을 의심하는 수치심이 형성된다.
3 아동초기	주도성 대 죄책감	목적	능동적인 움직임을 통해 스스로 계획하고 도전하는 주도성을 획득하거나, 외부적 요구나 행동에 대한 비난이 있을 경우 죄책감을 갖게 된다.
4 아동 후기	근면성 대 열등감	능력	인지적 · 사회적 기술을 습득하면서 근면성을 획득하거나, 또래 집단과의 관계에서 열등감을 갖게 된다.
5 청년기	자아정체감 대 역할혼미	의리/충성	자신이 어떠한 사람이 될 것인가에 대한 깊은 관심을 토대로 자신에 대한 통찰과 인생관을 세우며, 자아정체감을 형성하거나 정체감에 혼란을 겪는다.
6 성년기	친밀감 대 고립감	애정	다른 사람들과 조화시키려는 노력을 통해 친밀감을 갖게 되거나, 고립, 고독을 느끼게 된다.
7 중년기	생산성 대 침체성	보살핌	자녀, 혹은 사회를 돌보는 일로 생산성을 경험하거나, 자신에게만 몰두함으로써 침체성을 얻게 된다.
8 노년기	자아통합 대 절망감	지혜	자신의 인생을 인정하고 받아들이며 삶에 대한 통찰을 통해 자아통합감을 갖거나, 다른 삶을 시도해 보려고 급급하거나, 절망감을 갖게 된다.

측면의 균형을 통해 이루어짐을 강조하고 있다.

발달의 각 단계에서 성공적으로 해결해 나아갈 수 있는 원동력은 강낭콩이 자신 내부에 지니고 있던 생명력과 같은 의미의 생명력 혹은 잠재력이 된다. 우리의 생명력은 식물이 지닌 생명력과 마찬가지로 우리가 태어날 때부터 지닌 힘으로써, 그 힘은 적절한 때에 적절한 외부의 자극과 상호작용하여 방향성을 지닌 운동에너지로 전환이 이루어지게 된다. 마찬가지로 우리가 지닌 생명력은 삶에서 중요한 순간에 앞으로 나아갈 수 있는 힘이 되며, 희망을 주고 삶에 의욕을 불어넣는다.

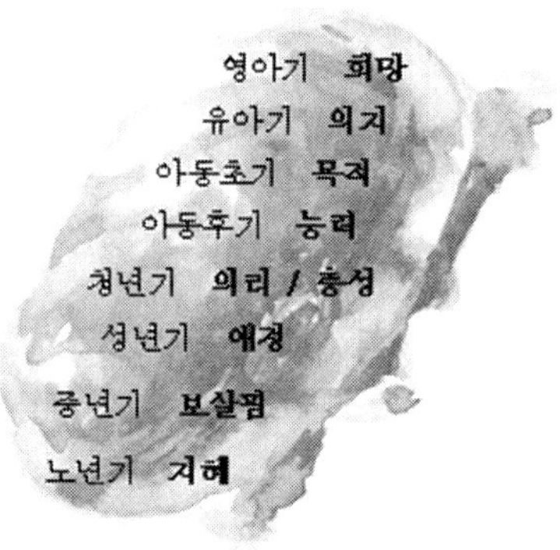

사진: 강낭콩 속에서 찾아본 인간의 성장 잠재력
강낭콩 한 알 속에 10알의 강낭콩을 키워내는 잠재력이 존재하듯이, 사람에게도 풍요로운 삶을 살아가는 데 힘이 되는 잠재력을 지니고 있다.

도시농업을 통해 우리는 위와 같은 생명에 대한 이해와 생명이 어떻게 성장하고 변화해 나아가는가를 알게 된다. 식물의 성장에는 내재된 잠재력을 바탕으로 환경과의 끊임없는 상호작용의 결과 생을 마감하는 과정을 거치게 된다. 이 모습과 같은 형태로 우리의 삶 또한 우리에게 있는 잠재력, 생명력을 바탕으로 환경 요소들이 결합되어 성장하며 변화한다. 도시농업은 식물의 성장과 우리의 성장을 결합시켜 생각해 보는 기회를 마련해 준다.

〈표 3-8〉 식물의 성장과 인간의 성장

식물(강낭콩)의 성장 요인			인간의 성장 요인		
	성장동력	생장단계	발달단계	잠재력	발달위기
종자 내 저장 양분 이용	수정, 휴면, 수분흡수	씨앗	태아기		
	발아(온도, 산소)	싹이 튼 씨앗	영아기	희망	신뢰감 대 불신감
	저장양분 이용	떡잎	유아기	의지	자율감 대 수치감/회의감
자가 양분 생성 (영양생장)	광합성 (빛 E→화학 E)	본잎	아동 초기	목적	주도성 대 죄책감
	영양생장	잎 무성	아동 후기	능력	근면성 대 열등감
	영양생장	잎 무성	청년기	의리/충성	정체감 대 정체감 혼미
번식, 이용 (생식생장)	생식생장	꽃	성년기	애정	친밀감 대 고립감
	번식	꼬투리(열매)	중년기	보살핌	생산성 대 침체성
	이용	꼬투리→씨앗	노년기	지혜	통합감 대 절망감

자연과의 관계를 다시 정립하는 도시농업은 식물의 성장을 관찰하고 참여하는 동안 생명이 지니는 특성과 생명의 주기(life cycle)를 체득함으로써, 우리를 보다 '자연스러운' 삶을 살아가는 원칙을 갖게 한다. 이 체험은 우리에게 삶의 전체를 고려해 보도록 이끌게 된다. 단지 식물에서 싹이 트는 것에서 열매의 획득에서 끝나는 것이 아니라 그 모습을 통해 우리의 삶을 생각해 보는 기회를 얻게 되며, 이를 통해 모든 생명이 연결되어 서로의 생존에 영향을 미치게 되는 지구환경 전체를 보는 공간적 시각도 갖게 된다. 전체를 바라보는 시각은 우리가 삶을 살아가는 동안 만나게 되는 다양한 경험과 기회가 어떠한 의미를 지니며, 어느 방향으로 나아가야 하는지 그리고 무엇을 성취해야 하는가에 대해 알게 한다.

강낭콩 관찰일지

<table>
<tr><td>관측일</td><td colspan="5">2005 년 4 월 11 일 월 요일</td></tr>
<tr><td rowspan="2">기상관계</td><td>날씨</td><td>최고기온</td><td>최저기온</td><td>평균온도</td><td>누적강우량</td></tr>
<tr><td>맑음</td><td>18.2℃</td><td>10.1℃</td><td>13.5℃</td><td></td></tr>
<tr><td>관찰대상</td><td colspan="2">강낭콩</td><td>관찰장소</td><td colspan="2">하숙집 뒷마당</td></tr>
<tr><td>관 찰 사 항</td><td colspan="5">
짧은 기간이었지만 햇볕을 듬뿍 받은 애들은 푸름을 되찾았다.
이제 날씨도 많이 풀려서 계속 밖에 두어야겠다.
뒷뜰의 풀들과 꽃을 보면서 이상한 생각이 들었다.
나의 콩들은 목적을 가지고 키우지만 뒷편의 풀들은 그냥 무의미 한 것일까?
모든 사물에는 목적이 있고 쓰임이 있듯이 분명 이들 식물에게도 쓰임이 있을것이다.
나 또한 나의 목적과 쓰임을 잘 알고 삶의 방향을 잡아 가야겠다.</td></tr>
<tr><td>새로알게된점</td><td colspan="5">모든 물건과 생명엔 목적과 쓰임이 있다.
그들의 가치 또한 높고 낮음이 없는것 같다.</td></tr>
<tr><td>의문점</td><td colspan="5">모든 생명이 가치있는 것이고 쓰임이 있는것 같이 나에게는 어떠한 일이 어울릴까?</td></tr>
<tr><td>느낀점</td><td colspan="5">내가 할 수있는 다양한 일들을 해보고 가장 가치있는 일을 찾아야겠다. 그러기 위해 많은 것을 보고 배우고 느껴야겠다.</td></tr>
</table>

사진: 대학교 3학년 학생의 강낭콩 관찰일지.
사람은 식물의 성장에 적극적으로 참여하며, 삶의 목적을 생각해 보는 계기를 갖게 된다.

최상의 경험으로 얻는 만족감

도시농업은 길가에 민들레를 관찰하거나 화분에 키우며, 꽃이 피고 씨앗이 흩어지는 모습을 바라보는 작은 경험이 될 수도 있다. 그 작은 경험으로 우리는 최상의 경험까지 나아갈 수 있다. 심리학자 Maslow가 설명한 인간행동을 일으키는 동기를 살펴보면, 인간은 누구나 기본적인 욕구에서 최상의 욕구까지 단계를 지니며, 각 단계의 욕구를 추구하기 위해 행동을 하게 된다. 그리고 하나의 욕구가 충족되면 우리는 그 욕구에 대해 만족감을 느끼며 다음 단계의 욕구를 추구하려 한다.

사람에게 가장 기본적인 욕구는 배고픔이다. 안전한 먹을거리가 없을 경우, 사람은 불안감을 느끼게 되며 다른 것에 대한 욕구를 느끼지 못한다. 두 번째 욕구는 안정적인 공간에 대한 욕구다. 자극적이고 스트레스를 주는 환경은 우리에게 안정감을 주는 곳으로 옮기려는 강력한 동기를 불러일으킨다. 세 번째로 공동체 속에서 살아가려는 욕구다. 사람은 홀로 살아갈 수 없는 사회적인 동물이다. 현대 사회에서는 가족이 해체되고 개인의 소외와 고립현상이 심화되고 있다. 그 속에서 개인은 소속감

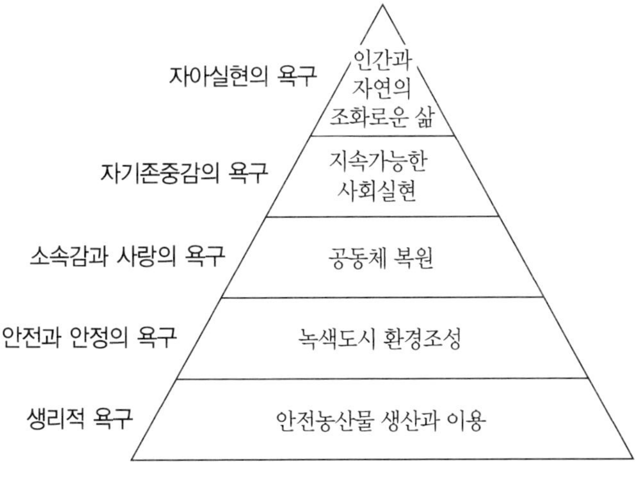

[그림 3-1] 인간욕구 5단계와 도시농업 실천 5단계

을 느끼기 위해 부단히 노력하게 된다. 네 번째는 자신을 존중하고 나아가 다른 사람들을 존중하려는 욕구다. 자신에 대한 믿음과 생명의 소중함은 확장되어 다른 사람들과 다른 생명체에까지 적용될 수 있다. 마지막으로 생명윤리에 의거해 최상의 인간성 구현과 자연에 적합한 삶을 살아가려는 욕구다.

도시농업을 통해 개인들은 기본적인 배고픔의 욕구부터 최상의 욕구까지 충족시킬 수 있다. 안전한 농산물을 생산하고 이용하며, 심리적 안정감을 가져오는 녹색 환경을 창조함으로써 충족될 수 있다. 또한 공동작업과 공동 관심사를 나누는 공동체 형성의 경험을 가질 수 있으며, 자신을 존중하고 다른 사람을 배려하며 지속가능한 사회건설에 이바지 할 수 있다. 마지막으로 우리는 자연에 적합한 삶의 방식을 배우고, 인간과 식물 그리고 환경이 조화를 이루는 삶으로 가꾸어 나갈 수 있다.

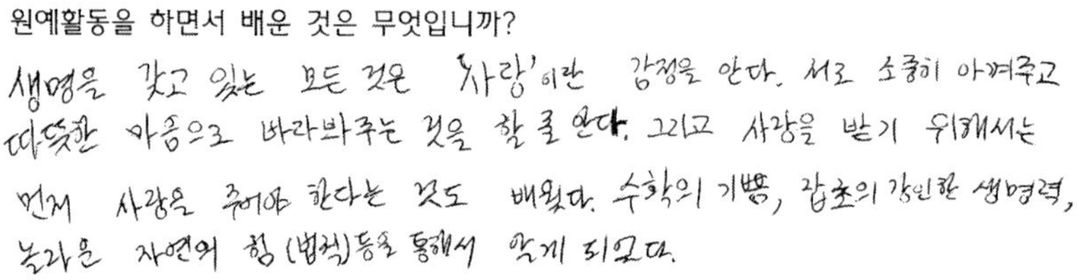
원예활동을 하면서 배운 것은 무엇입니까?
생명은 갖고 있는 모든 것은 '사랑'이란 감정을 안다. 서로 소중히 아껴주고
따뜻한 마음으로 바라봐주는 것을 할 줄 안다. 그리고 사랑을 받기 위해서는
먼저 사랑을 주어야 한다는 것도 배웠다. 수확의 기쁨, 잡초의 강인한 생명력,
놀라운 자연의 힘(법칙)등을 통해서 알게 되었다.

사진: 원예활동을 마무리하며 고등학교 1학년 학생이 쓴 평가지
도시농업을 통해 사람은 기본적인 배고픔을 해결할 수 있으며, 삶에 대한 깊이 있는 통찰을 이끌어 준다. 내가 아닌 다른 생명체의 성장을 돕는 행동을 통해 우리는 관심과 사랑을 알게 되며 이를 나눌 수 있는 마음의 여유를 찾을 수 있다.

〈표 3-9〉 도시농업의 인간욕구 단계별 유익

인간욕구 단계	도시농업의 유익
1단계 생리적 욕구	**안전한 농산물 생산과 이용** 생리적 욕구는 우리 생존에 필수적인 음식, 공기, 옷 등에 대한 욕구다. • 신선하고 영양소가 풍부한 안전식품 자급 • 맑은 공기와 밝은 햇빛
2단계 안전과 안정의 욕구	**녹색도시 환경 조성** 안전과 안정의 욕구는 외부 환경의 위협에서 자신을 지키려는 욕구다. • 도시 미기후 조절 및 대기오염, 열섬현상, 건조화 및 홍수 경감 • 회색의 스트레스에서 벗어나 심신의 긴장을 완화시키는 녹색환경 제공
3단계 소속감과 사랑의 욕구	**공동체 복원** 사람은 자신과 공통점이 있는 사회에 속하려는 욕구를 강하게 지니고 있다. • 다양한 사람이 만나면 시너지 효과가 있고 클러스터가 형성되어 사회 발전에 기여 • 다른 사람과 기쁨의 경험 공유 및 상호작용의 기회 • 다른 사람들에 대한 책임감과 필요성 자각 • 현대사회에서 개인의 소외와 고립을 경험하는 도시민들이 건강한 공동체를 형성하고, 발전시키는 유익 제공
4단계 자기존중감의 욕구	**지속가능한 사회실현** 자기존중감은 타인에게서 인정과 존경을 받고 싶은 욕구다. • 개인들은 공동체 내에서 인정받음 • 상대방에 대한 이해를 경험 • 이 경험을 바탕으로 사회를 소중하게 가꾸어 나가려는 노력하기 • 개인에서 출발한 존중감은 사회 전반으로 확산되어 지속가능한 사회 건설
5단계 자아실현의 욕구	**인간과 자연의 조화로운 삶** 자아실현은 인간 본성의 충분한 발현이며, 자연스러움과 자신과 타인, 자연에 대한 수용, 자율성 등을 얻으려는 욕구다. • 자연의 움직임 속에서 삶의 지혜를 배움 • 식물과 환경을 고려하여 자연스러운 삶을 살아갈 수 있도록 방향 설정 • 조화로운 삶은 농업인과 도시민이 더불어 잘사는 복지사회건설

변화에 능동적인 삶의 자세로 얻는 자신감

생명 양육으로 우리가 얻을 수 있는 또 하나의 유익은 능동적으로 변화에 적응하는 삶의 자세다. 현대사회를 살아가는 데 필요한 자질은 변화에 유연하게 대처하는 능력이다. 급변하는 사회에서 성공적으로 살아가기 위해서는 어느 상황에서도 흔들리지 않는 자신의 정체성을 갖고 있어야 한다. 그리고 변화에 맞추어 자신을 적응시킬 수 있는 유연함이 필요하다.

도시농업을 통해 우리가 얻을 수 있는 이로움은 자신의 정체성과 변화에 대처하는 유연함이다. 식물과 동물의 성장을 함께하며, 생명의 원리를 이해하게 된다. 그리고 우리는 그 원리를 우리 삶에 적용시킬 수 있다.

생물학자이자 심리학자였던 Piaget는 식물이 환경에 적응하는 방식을 관찰하며, 인간의 발달에 대해 연구하였다. 그는 세계 곳곳에서 자라고 있는 '세덤(sedum)' 을 다른 환경에 심었을 때 나타나는 변화를 관찰하였다. 지중해에서 자라던 한 종류를 알프스 고지에 심었을 때 추위에 적응하기 위해 작고 두꺼운 잎사귀로 변화하며 노출되는 부분을 감소시켰다. 또한 엽록소를 많이 생산하고, 광합성 능력을 증가시켜 나갔다. 이 식물을 또다시 스위스 지방으로 옮겨 심었을 때, 이전의 모습으로 되돌아갔다.

또한 그는 달팽이의 적응을 관찰하였다. 서로 다른 세 집단의 달팽이를 연구하였는데, 달팽이들은 서식지에 따라 각기 다른 모습으로 변화하였다. 같은 모양의 달팽이를 각각 잔잔한 물, 약간 흔들리는 물 그리고 물살이 심한 물에 살도록 하였다. 그 후 달팽이의 모양은 잔잔한 물의 경우 긴 모양으로 순응하였고, 물살이 있는 두 곳에서는 둥글고 구부러진 모양을 지녔는데, 이는 달팽이의 활동에 의한 결과였다. 즉, 성장과정에서 물살에 대응하기 위해 달팽이는 자신을 단단한 곳에 밀착시켰다. 그리고 근육을 밀착시킴으로써 껍질을 당겨 나선 모양의 윗부분을 짧게 변화시켰다.

식물의 성장과 달팽이에 관한 연구를 통해 Piaget는 생명이 환경과 상호작용하며 어떻게 적응해 가는지를 설명하였다. 생명체는 동화(assimilation)와 조절(accommodation)이라는 두 가지 방법으로 균형을 잡아가며 살아간다. 동화는 외부에서 주어지는 자극과 상황을 자신의 것으로 만들어 나가는 과정을 의미한다. 예를 들어, 우리가 채소를 먹으면, 소화를 시키고 영양분을 흡수하여 우리 신체를 구성하는 요소로 활용한다. 조절은 외부 환경에 대응하는 자신의 신체 과정이나 생각이 적합하지 않을 때, 우리 자신을 순응시키는 과정이다. 규칙적인 식사를 하면, 신체 기능은 필요한 만큼의 영양분만을 흡수하고 사용한다. 만약 불규칙한 식사를 지속한다면, 우리 신체는 필요 이상의 영양분을 흡수하고 저장하려 한다.

이 같은 동화와 조절의 적응과정은 신체적인 면뿐만 아니라 정신적인 면에서도 동일하게 작용한다. '동화'는 자기 자신의 논리적 구조나 이해력을 토대로 경험을 조직해 가는 것이다. 따라서 개인의 자기 주장과 같은 성향이며, 세상을 자신의 틀로 보려는 현상이다. 달리 말하면, 전체 체계의 한 부분으로서 자신의 자율성을 보존하려는 것이다. 만약 우리들이 현재 이해하고 있는 바와 맞지 않는 새로운 경험이 주어지면 인지 구조는 이전의 이해가 불충분하다는 것을 인식하게 되고 구조의 혼란과 불평형상태를 초래하여 결국 스스로 조절하게 된다. 따라서 '조절'은 반성적이며 통합적인 행동이며, 자신의 자아를 변화시키고 인지적인 평형을 이룰 수 있도록 도와주는 역할을 한다.

〈표 3-10〉 도시농업 활동의 예, 경제적 효과

	신체적	심리적
도시농업 활동의 예	• 싹채소 기르기 • 감자 수확하기 • 실내 관엽식물 기르기	• 강낭콩 기르기 • 민들레 관찰하기 • 목화 키워 바느질하기 • 세덤 기르기
유익 및 경제적 효과	• 균형잡힌 영양소 섭취 • 운동효과 • 새집 증후군 예방 • 가족의 식단비 절감 • 운동을 위한 비용 절감 • 공기정화 효과 • 비타민과 무기질의 보충	• 생명을 돌보며 얻는 기쁨 • 생명의 성장과 나의 성장 • 삶을 풍요롭게 하는 최상의 경험 • 변화에 능동적인 삶의 자세 • 다양한 취미생활을 위한 비용 절감 • 아이들의 컴퓨터 사용량 감소 • 효율적인 시간관리 • 자신감과 만족감 경험 • 삶의 보람과 기쁨

도시농업 활동 1

영양만점 싹채소 비빔밥

필요한 것은?		
□ 싹채소 종자(알팔파, 무순, 크레스, 밀, 보리, 브로콜리)		
□ 플라스틱 그릇	□ 키친타월	□ 물

싹채소 알기

싹채소의 특징			
• 싹채소란?	콩나물과 같은 식용식물의 싹을 틔워 어린잎을 먹는 채소	온도 관리	실내온도 (15~25℃)
• 싹채소의 영양	씨앗에서 싹이 트는 시기에 성장을 위해 영양소(비타민, 미네랄)를 체내에 많이 함유하여 다 자란 채소보다 영양가 높음	물 관리	하루에 한 번 깨끗한 물을 갈아 줌
• 싹채소의 종류	콩나물, 무순, 양배추, 브로콜리, 보리, 아마, 차이브, 옥수수 싹, 해바라기 싹, 홍화 싹, 도라지순, 더덕순, 인동초순, 숙주나물 등	수확	일주일~10일 후 수확함

어떻게 할까?

1. 싹채소 종자(알팔파, 무순, 크레스, 밀, 보리, 브로콜리)를 구입한다.
2. 플라스틱 그릇에 키친타월 두 장을 깔고 물을 촉촉하게 적신다.
3. 싹채소 종자를 물에 깨끗이 씻어 플라스틱 그릇에 넣는다.
4. 플라스틱 그릇의 윗부분에 휴지를 덮어 햇빛을 가린다.
5. 온도는 18~25℃의 실온에 둔다.
5. 키친타월에 매일 물을 촉촉하게 적신다.
6. 2~3일 지난 후 햇빛 가리개로 덮어 둔 키친타월을 벗긴다.
6. 약 일주일 후 싹이 자라면 싹을 자른다.
7. 밥에 각종 싹채소를 넣고 고추장을 넣어 싹채소 비빔밥을 해 먹는다.

효과

- 우리 가족의 식품을 스스로 만든다는 자긍심과 만족감
- 깨끗하고 안전한 농산물의 자급
- 비타민을 골고루 갖춘 신선한 싹채소 기르기

도시농업 활동 2

베란다에서 목화 키워 바느질하기

필요한 것은?			
□ 목화 씨앗	□ 화분	□ 배양토	□ 퀼트천과 실

목화 알기

1월	2월	3월	4월	5월	6월	7월	8월	9월	10월	11월	12월

따뜻하고(20~30℃) 햇빛이 잘 비치는 곳에 둠, 다습한 환경을 좋아하지 않음(겉 흙이 마를 때 물을 줌)

씨뿌리기 | 싹틈 | 꽃이 핌 | 목화 솜 수확하기

목화의 시기별 특징

- 씨뿌리기: 목화솜 사이에서 씨앗을 꺼냄
- 싹틈: 20~25℃
- 꽃이 핌: 꽃이 핀 후 목화송이가 되기 전 목화다래가 맺힘
- 목화 솜 수확하기: 수확 후 햇빛에 2~3일 말림, 목화송이에서 솜을 빼내 고치를 만듦, 실을 뽑아 베틀이나 기계로 옷감을 짬

어떻게 할까?

1. 화분(10cm 정도)에 배양토를 넣고 물을 충분히 준다.
2. 목화솜 사이에서 목화씨를 분리한다.
3. 싹이 잘 트게 하기 위해 목화씨를 비눗물에 씻는다.
4. 배양토를 넣은 화분에 목화씨를 씨앗 크기의 2~3배 깊이로 심는다.
5. 따뜻하고(25~30℃) 햇빛이 잘 비치는 곳에 둔다.
6. 겉흙이 마를 때마다(약 3~4일) 물을 준다.
7. 목화 씨앗을 분리할 때 모아둔 목화솜을 이용하여 퀼트 열쇠고리를 만든다.
8. 예쁜 천 조각에 그림을 그리고 오린다.
9. 퀼트실을 이용해 바느질을 한 후 목화솜을 넣는다.
10. 모양을 잡아주고 열쇠고리를 완성한다.

효과

- 목화 기르기를 통해 양육과 획득의 경험
- 목화솜이 생기는 과정을 보며 전체의 부분과의 관계 인식
- 목화(씨앗, 싹, 꽃, 다래(열매), 솜)의 한 살이(Life cycle)를 관찰하며 나의 생명주기를 추론

4

심리사회적으로 건강한 공동체를 만들어 가는 농업

공동체정원은 다양한 사람이 실시간으로 상호작용할 수 있는 복합체(cluster)를 형성시켜 새로운 아이디어가 창출되고, 통합적 사회 시스템이 만들어진다.

- 함께 실천하며 느끼는 삶의 보람
- 공동체의 각 세대가 얻는 유익
- 건강한 공동체 발전에 기여하는 농업

4 심리사회적으로 건강한 공동체를 만들어 가는 농업

도시민은 농업활동의 실행을 통해 즐거움과 보람을 느낌과 동시에 경제적 · 생태적으로 균형과 조화를 이루게 된다. 이러한 개인의 작은 실행과 체험이 모여 건강한 공동체를 형성하고 사회적으로 지속가능한 발전의 토대를 마련할 수 있다.

도시농업을 통해 우리는 식물을 키우고, 생산물을 이용하게 된다. 그 과정에서 생명에 대한 감각과 지식을 얻게 되고 앞 장에서 언급한 다양

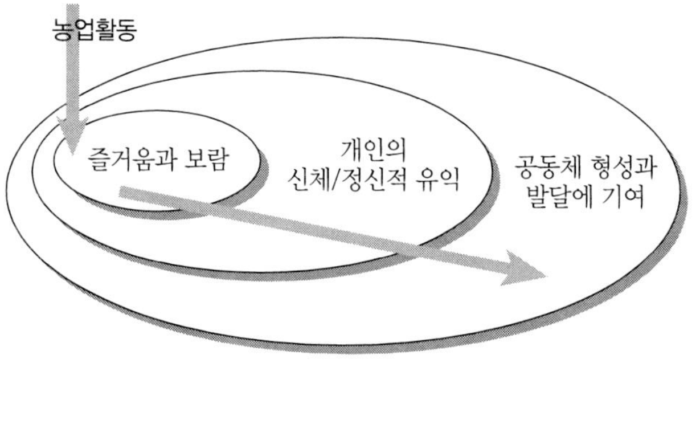

한 심리적 유익도 경험한다. 따라서 개인이 느끼는 즐거움을 함께 살아가는 이웃들과 나누게 되며, 이는 교류촉진과 의사소통의 증가로 건강한 공동체를 형성하는 데 기여한다.

함께 실천하며 느끼는 삶의 보람

진정한 의미의 즐거움은 경험 그 자체를 통해 우리가 생산적일 때다.

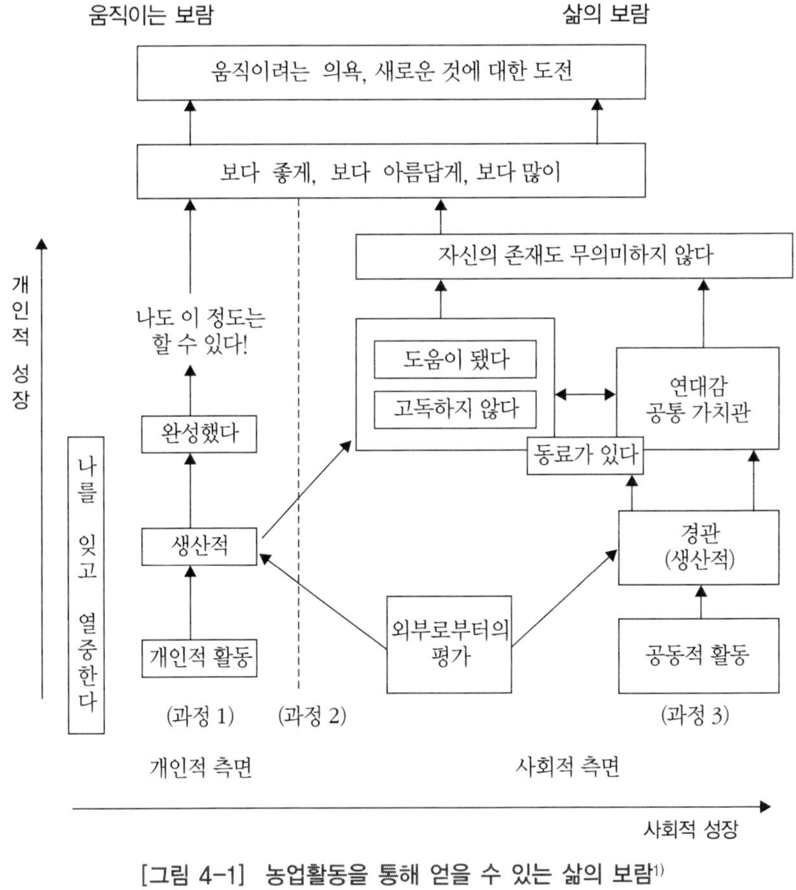

[그림 4-1] 농업활동을 통해 얻을 수 있는 삶의 보람[1]

1) Matsuo, E. (2004). *Humanity in Horticulture*, 8th IPPS 발표자료(미발간).

생산적이란 새로운 질서와 의미를 창조하는 것을 뜻하며, 그때 느끼는 매우 능동적인 개념이 즐거움이다. 삶의 보람은 즐거움에서 비롯된다. 많은 사람에게 보람을 느꼈던 순간을 질문하면, 대부분 자신이 이전에 기대했던 바를 성취하거나 사회적 기대 이상으로 무엇인가를 성취했을 때를 언급한다. 이는 즐거움을 느끼는 경험의 순간과 동일하다.

우리 삶을 보람차게 만드는 경험은 개인의 즐거움과 사회적으로 새로움을 창조했을 때다. 예를 들어, 죽어가는 화분을 집에 가져와서, 정성껏 물을 주고 햇빛을 쬐는 등의 노력 끝에 푸르른 새싹을 보게 되었을 때 갖게 되는 경험이다. 아파트 단지 구석에 쓰레기가 쌓여 있는 방치된 땅에 녹색의 생명을 키워내고, 향기로운 꽃을 피우며, 이웃과 함께 나누는 경험을 통해 우리는 즐거움과 보람을 느끼게 된다.

공동체의 각 세대가 얻는 유익

공동체는 다양한 연령층이 함께 살아가는 사회다. 아동에서 노인에 이르기까지 각 연령층은 다른 방식으로 공동체에 기여하며 사회를 건강하고 지속가능하게 이끌어 나간다. 근래의 우리 사회는 아동과 청소년들에게는 기회를 제공하지만 노인을 위한 사회적 위치를 축소시키는 방향으로 나아가고 있다. 우리는 아동과 청소년에게 세계를 여러 방식으로 탐색하고 흥미를 자극하며 학습할 수 있도록 배려하는 것보다 입시 위주의 과도한 학습환경으로 내몰고 있다. 노인에게는 사회참여의 기회가 주어지지 않고 경제적 자립을 위한 일자리 제공이 미비한 수준이다.

도시농업은 이러한 현실에서 각 세대에게 도움을 주게 됨으로써 건강한 공동체로 발전하는 데 기여한다. 자연과 접촉이 줄어든 도시의 아동·청소년들에게 자연이 함께하는 환경을 마련해 줌으로써 지식뿐만 아니라, 신체적·심리적·사회적 유익을 함께 얻을 수 있는 기회를 제공해 준다. 노인에게는 희망을 주며 사회적인 참여와 일자리를 제공함으로써 건강한 노령화사회를 대비할 수 있게 한다.

■아동

현대의 아동들은 자연의 생생한 인상들을 접할 기회가 많지 않다. 이는 구체적인 경험을 통해 정신적인 영상으로 간직하게 되는 학습의 원리를 충족시키지 못하는 환경 특성이 된다. 단순한 지식주입 위주의 교육으로 성장할 경우 창의성 저하와 심리적 부적응의 문제를 보이게 된다. 이로 인해 미국, 일본, 유럽에서는 자연, 식물을 매개체로 한 환경, 생태계, 정원, 농업활동 프로그램을 실시하고 있다. 국내 한 유치원에서 실시된 농업활동 프로그램에 참여한 아동들은 정서불안정이 감소되었으며, 특히 위축과 우울감이 감소하였다. 그리고 참여 전과 비교하였을 때, 사용하는 어휘량이 증가하였으며 언어개념 이해를 더 발달시키는 효과를 가져왔다.

식물이 있는 공간은 아동의 창의성 및 인지적 능력을 발달시킨다. 바깥에서 뛰어노는 도시 내 아동들에 대한 관찰조사에서 집약적으로 식물을 키우는 공간에서 노는 아동들은 식물을 키우지 않는 공간에서 노는 아동들에 비해 더욱 창의적으로 놀며 어른들과도 상호작용을 잘함을 발견하였다.

또한 자연을 매개체로 한 학습은 배움에 대한 학생들의 동기를 강화시킨다. 역사적으로 경작활동은 아동의 생활과 어떻게, 무엇을 아동이 배우느냐에 중요한 역할을 하는 한 부분으로 통합되어 왔다. 학습은 실행이 바탕이 되었을 때 큰 효과를 얻을 수 있다. 자연탐색에서 출발해 그와 연관된 다양한 학문분야를 학습할 때 흥미유발과 더불어 학습효과의 향상을 기대할 수 있다.

도시농업을 실천하는 아동들은 정서적인 안정을 얻게 된다. 각종 대중매체와 인터넷, 컴퓨터 게임 등의 과도한 자극에서 벗어나 자연 속에서

사진: 흙을 고르고, 씨앗을 심는 작업을 하고 있는 7세 아동과 관찰 일지
아동에게 식물과 함께하는 농업활동은 인지적 · 정서적 자극을 줌으로써, 전인적 발달에 기여한다. 감각을 이용해 사고(思考)를 발전시키는 경험으로 아동은 성장하게 된다.

의 놀이는 아동에게 편안함을 준다. 또한 자연과 함께 실천하는 농업을 통해 아동들의 독립성을 키워준다. 미국에서 진행된 한 연구에서 농업활동에 참여한 아동들은 그렇지 않은 그룹의 아동들에 비해 더 독립적이었다. 독립성은 대인관계에도 영향을 미친다. 텍사스 대학에서 진행된 연구에서 아동에게 환경적인 자세를 향상시킨 그린 프로젝트를 시행함으로써 참여한 아동 · 청소년의 대인관계가 향상되었음을 밝혔다. 유년기에 그린 브리지 프로그램에 참여한 사람은 농업적인 지식과 환경적인 자세를 크게 향상시켰고 개인의 직업인식과 성공에 대한 자세를 바꿀 수 있었다.

■ 청소년

아동과 마찬가지로 청소년 또한 도시농업을 통해 정서적인 안정을 얻게 된다. 청소년기는 자아정체감을 확립해 가는 중요한 시기다. 현재 우리 청소년들은 과도한 학습에 내몰리고 외부에서 끊임없이 주어지는 지식을 습득하기에 바쁜 시기를 보내고 있다. 그러나 청소년은 지금 나는 누구이며, 어디에 서 있고, 어디로 나아가야 하는가에 대한 생각을 정리해야 하는 발달단계다. 이 시기에 도시농업을 체험하게 될 경우 청소년들은 자연에서 삶의 지혜를 얻을 수 있다. 도시농업을 통해 청소년들은 자연과 마주하여 자신에 대해 생각하고 알아가고, 삶이 어떠한 방향으로 나아가야 하는지에 대한 내면의 깊은 통찰을 할 수 있는 환경과 자극을 받는다.

도시농업은 사람들이 식물을 돌보면서 생명에 대한 본질적인 이해를 얻어가는 과정을 핵심으로 하고 있다. 즉, 씨앗에서 싹이 나고 꽃이 피며 열매를 맺고 죽어가는 생명의 전 과정을 체험함으로써, 사람들은 자신의 삶을 비추어 보게 된다. 도시농업에서 청소년은 싹이 나오기 위해 씨앗을 덮고 있던 무거운 흙과 돌을 밀어내고, 자신의 양분과 햇빛을 가로채는 잡초들과 힘겨운 싸움을 하며, 비바람과 가뭄을 경험하면서도 꽃을 피우고 열매를 맺어가는 식물을 돌보는 것이다. 그 과정에서 그들은 강인한 생명력을 체험하고, 생명이 어떻게 성장하고 변화하는가를 관찰하고 자신의 삶을 비교해서 생각하게 된다. 지금의 현실과 자신의 생명력에 대해, 성장에 대해, 자신이 맺고 싶은 열매에 대해 생각해 보는 기회를 얻게 된다.

도시농업으로 청소년들은 학업성취도 향상 및 효율적인 시간관리 등의 유익을 얻는다. 자신의 미래를 그려보고, 그 미래를 위해 어떻게 행동해 나아갈지에 대해 지속적으로 생각할 수 있는 자극을 받기 때문이다.

사진: 텃밭활동을 하는 중학교 1, 2학년 청소년들
청소년기에 자연을 체험하고, 식물의 성장을 함께하는 체험은 청소년들에게 정서적 안정감을 갖도록 도와준다. 이러한 안정감은 학과 수업과 연계되었을 때, 흥미 있는 지식 습득의 계기를 마련해 준다.

청소년들은 햇빛이 필요한 토마토가 아직 튼튼하게 자라지 못한 상태에서 옆의 잡초가 너무 커 버려 양분을 빼앗아 가고 햇빛을 가리는 상황에서도 자신의 생명력을 유지하며, 결국엔 달콤한 토마토를 맺는 과정을 보며 많은 자극을 받고 생각하게 된다. 자신의 상태에 대해 비추어 보기도 하고, 자신은 무엇을 위해 살아야 하는지에 대해 그리고 삶에서 어떤 열매를 맺고 싶은지에 대해 끊임없이 생각해 보게 된다.

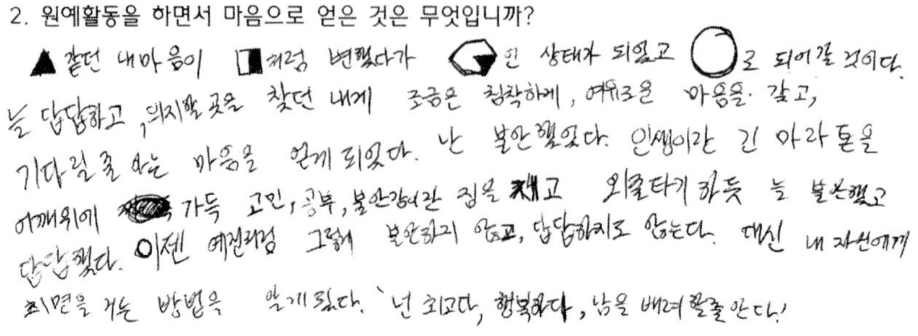
2. 원예활동을 하면서 마음으로 얻은 것은 무엇입니까?

▲같던 내 마음이 ■처럼 변했다가 ◆인 상태가 되었고 ○로 되어갈 것이다. 늘 답답하고, 의지할 곳을 찾던 내게 조금은 침착하게, 여유로운 마음을 갖고, 기다릴 줄 아는 마음을 얻게 되었다. 난 불안했었다. 인생이란 긴 마라톤을 어깨위에 [illegible] 가득 고민, 공부, 불안감이란 짐을 지고 외줄타기 하듯 늘 불안했고 답답했다. 이젠 예전처럼 그렇게 불안하지 않고, 답답하지도 않는다. 대신 내 자신에게 최면을 거는 방법을 알게 됐다. '넌 최고다, 행복하다, 남을 배려할 줄 안다.'

사진: 고등학교 1학년 학생의 글
입시로 인한 중압감에 시달리기 쉬운 청소년들에게 식물의 성장과 함께하는 원예는 안정감과 희망을 얻을 수 있는 계기가 된다.

■노인

건강한 공동체를 가늠할 수 있는 또 다른 계층은 노령인구다. 현재 우리는 이미 '고령화사회'가 되었고, 세계에서 빠른 속도로 그 정도가 심화되고 있다. 유엔(UN)에서는 65세 이상 노인인구가 전체 인구에서 7%를 차지하는 사회를 '고령화사회', 14%를 넘으면 '고령사회', 20% 이상이면 '초고령사회'라고 규정짓고 있다. 우리나라는 2000년 11월 기준 65세 이상 노인인구가 337만 여명에 달해 전체 인구(4,598만 명)의 7.3%

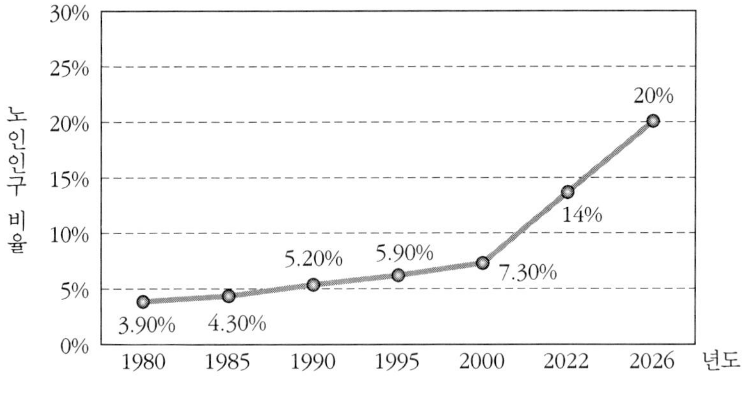

[그림 4-2] 노인인구 비율의 변화 추세(2022년, 2026년 통계는 추정치)

로 고령화사회로 들어섰으며, 2026년에는 초고령사회에 이를 것으로 예상하고 있다.

이와 같은 빠른 추세로 우리 사회가 고령화 사회로 나아가면서, 우리는 노령 인구의 사회 · 경제적 위치를 재설정해야 할 시점에 이르렀다. 지금까지 노인은 생산적이지 못하며, 사회적으로 가정적으로 보호를 받아야 한다고 인식한다. 사회 내에서 직업적 위치를 얻지 못하고 소외되는 현상이 곳곳에서 드러났다. 여기에 필요한 의식의 전환은 '고령사회'에서 '장수사회' 라는 새로운 관점으로의 변화다. 우리 모두가 연령에 따라 계층화되는 사회가 아닌, 남녀노소가 함께 사회에 적극적으로 참여하는 조화로운 사회가 바람직하다. 여기에서 노인 스스로도 대접받고 다른 사람들에게 의존적으로 살아야 하는 것이 아닌, 스스로 주도적이고 독립적으로 살아야 하는 존재라는 인식의 전환이 필요하다.[2)]

도시농업은 장수사회로의 변화를 촉진하는 매개체가 된다. 노인은 도시농업을 통해 적합한 사회적 지위와 직업적 기회, 삶의 보람과 희망을 얻을 수 있다. 현재 노령 인구로 구분되는 65세 이상의 도시민들은 대부분 농촌 출신이며, 농업 경험이 있다. 이들은 도시농업을 실행할 때 좋은 선생님이 될 수 있는 경험과 지혜를 지니고 있으며, 도시농업이 젊은 세대들과의 교류를 통해 각 세대가 배움의 기회를 얻을 수 있는 좋은 매개체가 될 수 있다. 따라서 많은 노인인구와 정년퇴직한 사람들에게 도시에서 경작활동을 하는 체험은 그들에게 '아직도 나는 필요한 존재다' 라는 자부심과 즐거움을 가져다줄 뿐 아니라 사회적 고립에서 벗어날 수 있는 기회를 제공한다. 또한 그들의 건강을 스스로 유지할 수 있는 영양가가 풍부한 채소, 과일의 공급을 담당한다.

얼마 전 천안까지 수도권 전철이 운행하기 시작하면서 새로운 풍속이 생겨났다. 이른바 '할머니 여행단' 으로 천안행 전철을 타고 온천을 방문

2) 농촌진흥청(2005). 장수사회 농업 · 농촌의 가치조명. 농촌진흥청.

하거나 이동 중에 볼 수 있는 바깥 풍경을 감상하는 등의 여행을 즐기는 노인들이 많아졌다. 65세 이상 노인에게 지급되는 경로우대권으로 무료로 이용할 수 있기 때문에 노잣돈이 거의 필요치 않은 여행이 가능해졌다. 병점에서 천안을 오가는 전철을 이용하는 인원 중 11%는 노인을 비롯한 무임승차인원으로 하루 평균 1만 1,000명 정도에 이른다. 만약 이들이 천안에서 참여할 수 있는 각종 도시농업 활동이 마련된다면 노인복지에 기여할 수 있을 것이다.

이러한 노령 인구의 흡수는 공동체의 발전에 큰 기여를 하게 된다. 각 개인의 성장과 더불어 이웃 주민들과의 활발한 교류는 사회적인 성장을 자극하며, 삶의 보람을 줄 수 있기 때문이다. 이는 노령인구 뿐만 아니라 전 연령층의 도시민들이 함께 얻을 수 있는 유익으로, 도시농업이 도시의 공동체를 형성하고 활성화시키며, 공동체의식 함양을 이끌수 있게 된다.

아동과 청소년은 도시농업을 통해 자연의 소중함을 알게 되고 대부분 농업활동 경험을 지닌 노인들에게는 도시농업 여건만 갖추어지면 경제적인 활동이 가능하여 노인복지 정책으로 적합하다.

〈표 4-1〉 도시농업 실천으로 각 세대가 얻는 유익과 경제적 효과

	아동	청소년	노인
도시농업 활동의 예	• 노인과 아이들이 함께 베란다 채소밭 일구기	• 접시정원 만들기	• 노인과 아이들이 함께 베란다 채소밭 일구기
유익 및 경제적 효과	• 학교정원을 이용한 학습에의 이용 • 대인관계 향상 • 창의성, 인지적 능력 발달 • 어휘력 증가 • 정서불안 감소 • 자연체험을 통한 오감발달	• 자연에서의 삶의 지혜 터득 • 자아정체감 확립에 도움 • 생명에 대한 본질적인 이해 • 심리적 안정감 • 학업성취도 향상 • 효율적인 시간관리 • 일에 대한 끈기 있는 자세 • 집중력 향상 • 열매 맺는 삶에 대한 관찰로 자신의 삶을 추론	• 관절 및 가벼운 운동효과 • 효율적인 시간관리 • 이웃간의 활발한 교류 • 고령화 사회의 노인 문제 감소 • 고령화 사회의 노인의 사회적 지위 향상 • 일거리 창출 • 자신감 증진 • 세대간 교류 활성화

건강한 공동체 발전에 기여하는 농업

도시농업은 공동체의 형성을 돕는다. 식량위기를 해결하기 위해 도시농업을 도입한 쿠바의 아바나는 식량자급과 고용창출, 환경개선 등의 효과를 보임과 동시에 공동체가 활성화하는 효과까지 얻었다. 경제위기에 대한 대응책으로서 시도한 도시농업은 붕괴되어 가는 개인의 심성과 해체되기 쉬운 공동체에 중심이 되었다. 자긍심과 더불어 지역 주민들 간의 협력, 도덕성의 함양, 교육적 효과까지 낸 쿠바의 사례는 도시농업을 통해 우리 사회가 직면한 공동체 붕괴의 문제를 해결할 수 있는 좋은 방법이 됨을 보여주고 있다.

녹색의 실외 공간에서 시간을 보내는 것은 사회적인 연결을 더 강하게 하고 성인에게 공동체감을 갖게 한다. 사회과학자들은 공동체의 안전에 미치는 녹색환경의 영향을 보고한다. 녹색의 실외 공간은 문화 파괴, 쓰레기 버리기, 낙서, 낮은 범죄의 발생뿐만 아니라 폭동의 비율이 감소되었다. 식물과 정원활동은 사업과 경제적인 영향 이상으로 여러 방면에 공동체를 강화시킬 수 있다. 고립이나 고독, 공동체 감정의 부족과 연관된 공공건강의 위험을 감소시키며 도시녹화가 빌딩 공동체에서 성공적이라는 많은 증거가 있다.

■ **도시 범죄의 감소**

도시 지역에서 식물을 집약적으로 키우는 것은 범죄행위를 감소시키는 효과를 나타낸다. 미국의 경우, 식물이 많이 식재된 지역과 그렇지 않은 지역에서의 범죄율을 조사한 결과, 식물이 많이 있는 건물은 그렇지 않은 건물에 비해 52%나 범죄율이 감소하였고, 중간 수준으로 식물이 있는 건물은 42%가 감소했음을 밝혀냈다.

식물이 많은 공간은 거주자들에게 범죄를 막는 비공식적인 감독과 공동체를 보호하기 위한 움직임을 증가시키게 된다. 또한 정신적인 스트레스와 범죄와의 연관 연구에서 연구자들은 주변의 자연은 정신적 스트레스와 정신적 피로를 감소시켜 폭력행위에 대한 정서적 · 심리적 충동을 줄일 수 있다고 보고한다. 뉴욕 북부 지방에서 공동체정원과 연관된 연구는 저소득층 소규모 공동체정원은 저소득층이 아닌 지역의 공동체정원에서보다 자체적인 공동체를 조직하게 되었고, 범죄율이 4배나 감소하고 주변 이웃에게 대하는 것이 달라지게 되었다.[3)]

■가족의 식품비 절약

공동체의 양육에서 간과할 수 없는 부분 중 하나는 도시 소외계층의 식생활과 관련된 문제다. 현재 도시에는 인구집중으로 인한 저소득층이 두터워진 실정이고, 이들은 도시에서의 혜택이 비교적 적게 돌아가는 층으로, 양질의 식품을 구입하는 것에 어려움을 느끼며, 영양의 불균형 상태가 지속되고 있다. 선진국과 개발도상국의 도시농업 사례에서 볼 수 있듯이 신선하고 영양가 높은 안전한 식품 공급의 혜택을 비교적 적게 받는 도시의 소외계층에게 도시농업은 경제적 유익을 가져온다.

■주변 환경의 미화 및 부동산 가치 증진

도시농업은 자연을 재료로 주변 환경을 미화한다. 도시농업을 통해 조성된 녹지 공간은 자연과 생명의 색인 녹색에서 느껴지는 역동적인 부드러움은 아름답고 인상적인 공간을 구성하는 데 매우 중요한 역할을 한다. 또한 식물이 주는 다양한 장식효과는, 다양한 색채와 형태, 질감, 선의 제공, 딱딱한 건축선의 완화(예: 실외 조경), 경관의 차폐, 차광, 통일감 부여, 계절감 및 역동적인 분위기 제공 등이 있다. 따라서 공간 내에 식물을 배치하는 것은 실내디자인에 생명력을 불어넣는 의미를 지닌다.

3) Patricia, H., & Howe, H. G. (2004). Urban Horticulture in the Contermporory United Statesi Porconal and Community benefits *ISHS Acta Horticulture, 643, 1*(41), 171-181.

거주 지역의 녹화는 주변 환경과 실내 공간을 아름답게 꾸미는 역할과 동시에 부동산 가치 증가를 가져온다. 주거공간에 조성이 잘된 조경단지를 소유하는 사람들은 그들의 주택에 대한 시장가치가 15% 이상 증가될 것으로 전망하며, 실제 부동산 전문가들의 추정으로도 7% 이상의 가격 증가 요인이 되는 것으로 추정하고 있다. 실제로 서울시의 2002년도 아파트 구매가격을 반응변수, 아파트에서 가장 가까운 녹지에서의 거리와 반경 500m 이내의 녹지율을 설명변수로 하는 아파트의 잠재 가격 함수를 회귀분석한 결과, 녹지에서 거리가 가까워질수록 아파트의 가격이 상승함을 밝혀냈다. 즉, 아파트가 30,000m 이상의 녹지에 1m 가까울수록 아파트 가격이 평당 4만 원씩 상승하는 것으로 나타났다. 그러나 아파트에서 반경 500m 이내의 녹지율은 아파트 가격에 영향을 미치지 않는 것으로 나타났다. 이와 같은 결과는 주택단지 부근에 소규모의 녹지를 많이 조성하는 것이 보다 효율적인 도시녹지 정책의 방향일 수 있음을 시사한다.

최근 발표된 조사에 따르면, 조경면적이 넓고 녹지공원 접근성이 뛰어날수록 아파트 가격이 주변보다 최대 3배가량 높아지고 있음이 밝혀졌다. 뚝섬 서울 숲공원 개발 발표 후 인근 아파트 매매가는 서울시 평균

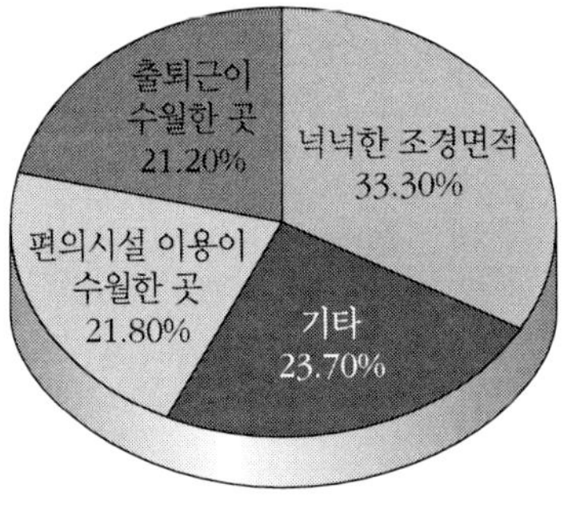

[그림 4-3] 구입하고 싶은 아파트 조건[4)]

4) 중앙일보(2005). 6월 30일자.

상승률인 3.4%를 훨씬 웃도는 19.5%의 상승률을 보였다. 또한 분당신도시의 중앙공원 일대에 접근성이 뛰어난 아파트 단지의 경우, 거리가 있는 아파트보다 약 1,000만 원의 매매가 차이를 보이고 있다. 이는 소비자들이 구입하고 싶은 아파트의 조건으로 넉넉한 조경면적을 가장 많이 선택한 조사결과에서도 발견할 수 있는 경향으로, 도시 내에 존재하는 녹지가 부동산 가치를 증가시키는 결과다.

■ 여가, 운동을 위한 기회의 창출

2004년 7월부터 시작된 주 5일 근무제는 2005년 7월 종업원 300명 이상 사업장과 공무원으로 확대되었다. '삶의 질을 한 단계 높인다'는 취지에서 시작된 주 5일 근무제는 전체 정규직 근로자의 40%에 달하는 300만 명의 직장인에게 적용되기 시작한 것이다. 그러나 주어진 주 2일의 시간을 부담스러워하는 직장인이 많다. 이는 쉬거나 노는 방법을 잘 몰라서, 비용이 많이 들어서, 여가 인프라가 미비한 등의 이유로 연휴가 오히려 스트레스가 되는 사회적 현상을 보이게 된 것이다.

여기에 도시농업은 모든 연령층에게 적합하며, 다양한 심리적 유익과 더불어 운동적 효과까지 지니는 경제적이고 즐거운 여가활동의 기회를 제공한다. 식물과 함께하는 도시농업은 사회에서 건전한 활동으로 권장될 수 있는 여가선용의 수단이 된다. 이것은 모든 연령층에게도 적합한 활동으로서, 아동과 노인이 함께 수행하여도 흥미를 지속적으로 가질 수 있는 난이도의 작업이 될 수 있고, 가족 간에 서로 배움과 도움을 주고받으며 돈독한 정을 쌓을 수 있는 시간이 될 수 있다. 또한 농촌에서 이루어지는 도시농업은 가족단위로 참여한 건전한 놀이문화를 개발해 나갈 수 있으며, 남녀노소를 불문하고 어울릴 수 있는 화합의 계기를 마련하는 등의 여가선용을 제공한다.

또한 도시농업은 정원가꾸기를 통한 육체적 운동으로 공공의 건강에 직접적으로 영향을 준다. 보통 육체적 운동은 일주일에 3~5번, 30분으로 측정되었고 당뇨병을 포함한 만성질환, 높은 콜레스테롤 수치, 고혈압, 심장병으로 인한 죽음의 위험을 크게 감소시킴을 알아냈다. 정원 가꾸기는 천천히 산책하는 것, 아쿠아로빅, 가벼운 자전거타기와 같은 정도의 운동효과가 있다. 걷기처럼 다양한 근육의 움직임을 증가시켜 과다체중이나 오래 앉아 있음으로 인해 발생할 수 있는 만성질환의 위험을 줄일 수 있다.

〈표 4-2〉 건강한 공동체 발전에 기여하는 도시농업의 효과

	도시범죄의 감소	가족의 식품비 절약	주변 환경의 미화 및 부동산 가치 증진	여가, 운동을 위한 기회 창출
도시농업 활동	마을 담장에 나팔꽃 심기	비타민이 풍부한 쌈채소 비빔밥으로 식품비 절약	마을 공동체 정원 가꾸기	토마토 기르기로 건강한 생활 즐기기
유익 및 경제적 효과	• 정신적인 스트레스와 피로 감소 • 폭력에 대한 정서적, 심리적 충동 감소 • 이웃 간의 친밀감 증가	• 저소득층의 채소재배를 통한 건강관리 • 식품비 절약 • 영양가 높고 안전한 식품 공급	• 쾌적하고 안락한 환경조성 • 거주선호도 증진으로 경제적 가치 증가	• 주 5일 근무로 인해 늘어난 여가시간 활용 • 운동의 효과 • 가족, 친구, 이웃 간 교류촉진

도시농업 활동 3

노인과 아이들이 함께 베란다 채소밭 일구기

필요한 것은?
□ 모종(고추, 가지) □ 씨앗(상추, 깻잎) □ 연장(삽, 호미, 괭이) □ 지주대 □ 물조리개

채소밭에 심을 식물 알기

1월	2월	3월	4월	5월	6월	7월	8월	9월	10월	11월	12월
	씨뿌리기 (상추, 시금치)	거름 주기, ↔ 상추 옮겨 심기	↔ 고추, 가지 모종심기 ↔ 시금치 수확 상추 수확		거름 주기	↔ 고추, 가지 수확					
	상추, 시금치 발아온도 (15~20℃)	고온에서 추대됨 (상추, 시금치)	고추, 가지 생육온도 (15~20℃)			고추(주간온도 22~30℃, 야간온도 17℃ 이상), 가지(주간온도 22~26℃, 야간온도 13℃ 이상)					

어떻게 할까?

1. 아파트 베란다에 채소밭의 경계를 정한다.
2. 배수층을 만들고 흙을 붓는다.
3. 물을 주고 2월 하순~3월 중순에 상추, 시금치의 씨앗을 뿌린다.
4. 씨앗 위로 흙을 얇게 덮는다.
5. 퇴비를 이용하여 거름을 준다.
6. 4월 상순~5월 초순에 상추와 시금치를 수확한다.
7. 4월 하순~5월 중순에 고추와 가지 모종을 심는다.
8. 퇴비를 이용하여 거름을 준다.
9. 6월 하순~10월 중순까지 고추와 가지를 수확한다.

효과

- 가족 계층 간 갈등해소
- 다양한 계층과 의사소통 확대
- 노인과 아동의 상호작용
- 노인들의 농사 경험과 지혜 활용
- 아이들에게 생명 양육에 대한 학습
- 작은 공동체에서 자부심과 삶의 보람을 함께 느낄 수 있는 기회

도시농업 활동 4

마을 공동체 정원 가꾸기

필요한 것은?			
□ 씨앗(봉선화, 채송화, 나팔꽃, 해바라기, 코스모스)		□ 구근(칸나, 다알리아)	
□ 허브(라벤더, 로즈마리레몬밤)	□ 연장(호미, 삽, 괭이)	□ 푯말	□ 퇴비

채소밭에 심을 식물 알기

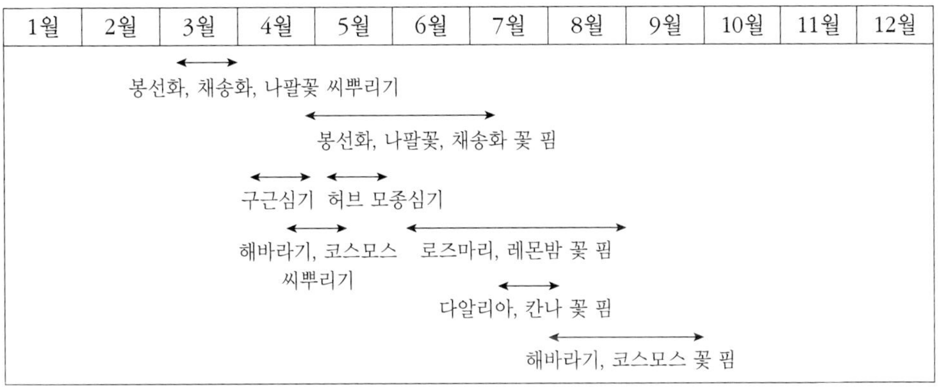

어떻게 할까?

1. 동네의 빈 공터에 쓰레기 더미를 치운다.
2. 삽이나 괭이로 흙을 일구고 고랑과 이랑을 내어 화단을 만든다.
3. 봄부터 가을까지 꽃을 피울 정원의 꽃을 정한다.
4. 정원 화단의 구역을 정하고 푯말을 세운다.
5. 씨앗(봉선화, 나팔꽃, 채송화)을 뿌린다.
6. 구근(다알리아, 칸나), 허브 모종(로즈마리, 라벤더, 레몬밤)을 심는다.
7. 씨앗(해바라기, 코스모스)을 심는다.
8. 주민들이 서로 돌아가며 물을 주고 잡초를 뽑는 등 관리한다.
9. 꽃이 피는 순서대로 정원에서 꽃을 감상할 수 있다.
10. 꽃을 수확하여 꽃다발을 만들고 허브를 말려 리스를 만들어 본다.
11. 공동체 정원은 마을 주민 공동의 휴식처가 될 수 있다.

효과

- 마을 주민들의 대화와 휴식의 공동체 공간 마련
- 주민들의 마을 공동체에 대한 소속감과 자부심
- 주민의 여가활용과 운동효과
- 버려진 환경의 활용으로 동네 환경의 미화, 도시 미관의 향상(낙서 감소)
- 채소밭 활용을 통한 가족의 식품비 절약

5
환경 친화적인 공간을 조성하는 농업

지금 우리가 사서 마시는 물은 세금을 빼면 소주값보다 비싸다. 머지 않은 날에 맑은 공기를 거래하는 시대가 온다. 도시농업은 온실가스를 포함한 각종 오염문제에 대한 효과적인 대안이다.

- 메마른 도시와 푸르른 도시
- 뜨거운 도시와 쾌적한 도시
- 자원이 절약되는 도시
- 다양함이 살아 있는 도시

5 환경 친화적인 공간을 조성하는 농업

1950년대에만 하더라도 서울은 세계 30대 도시에 훨씬 못 미치는 수준의 도시규모였으나 1970년대에 들어서 인구 680만 명으로 세계 18위의 인구 규모를 가진 거대도시로 성장하게 되었다.[1] 도시화의 추세를 나타내는 도시화 정도(=도시인구/전체인구×100)를 살펴보면, 우리나라는 1950년대에는 세계 평균에 미치지 못하였으나, 1970~80년대의 고도성장을 거치며 도시화가 급격히 이루어져 2000년 현재 세계 평균을 넘어서는 80%대에 이르고 있다.

이와 같은 도시화는 농촌에서 도시로의 인구이동을 나타내는 지표이며, 과도한 인구의 도시유입은 지가상승, 교통혼잡, 실업문제와 더불어 환경오염 문제를 야기하였다. 최근에 들어 관심을 끌기 시작한 도시환경의 오염문제는 국민적 인식 부족과 소극적인 투자, 양적 성장에 치우친 개발 및 환경 기초시설 부족, 시민참여 부진 등으로 인해 더욱 심각해졌다.

1) 최병대(2000). 우리나라 도시문제의 근인과 원인. 대한지방행정공제회, 35(384), 103-111.

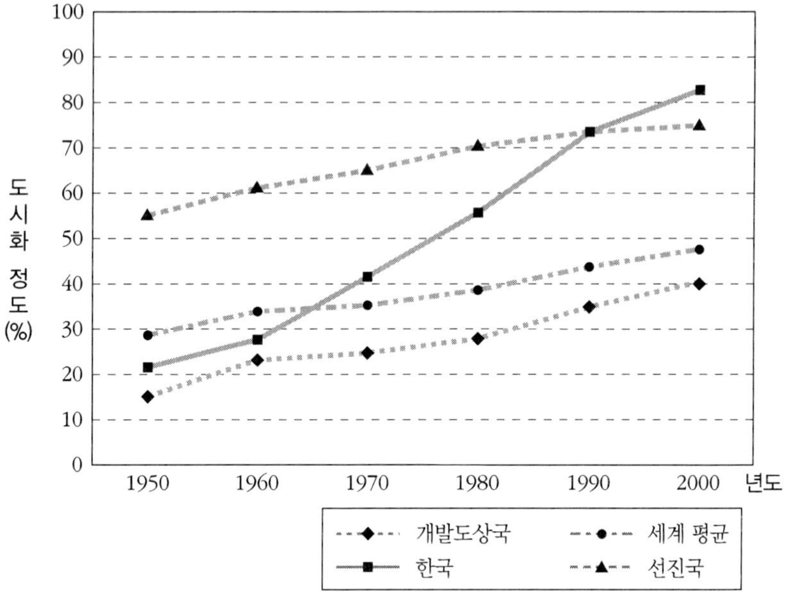

[그림 5-1] 우리나라의 도시화 정도와 세계 추세의 비교

이러한 환경문제는 인구유입으로 인한 도시의 확장에 의해 녹지 감소에 따른 결과다. 녹지공간은 다양한 환경보전 기능을 갖는 도시의 기초적인 환경 자원이다. 녹지는 식물의 증발작용에 의한 도시 온, 습도를 조절해 주는 도시 미기후 조절기능과 자연적인 댐이라 할 수 있는 수원함양 기능, 도시 홍수방지 기능을 가지고 있다. 식물은 물질대사를 통하여 오염된 공기를 정화할 수 있으며 토양을 형성시키고 산비탈 흙을 붙들어 매는 역할을 함으로써 토양의 유실을 막는 등 건강한 도시환경을 형성하는 데 필수적인 환경보전 기능을 갖고 있다.

도시농업은 도시에서 시작된 환경오염을 녹지확보를 기반으로 한 자연적 재생 순환의 연결과 지역적 환경의 개선, 나아가 국토 전체에 걸친 환경 복원을 통해 지구적 환경 문제까지 포괄적으로 해결할 수 있다. 도시농업을 통해 지구를 생각함은 지속가능성을 위한 국민적 인식전환의 첫걸음이 되며, 자게는 '지구'를 생각할 수 있는 계기가 된다.

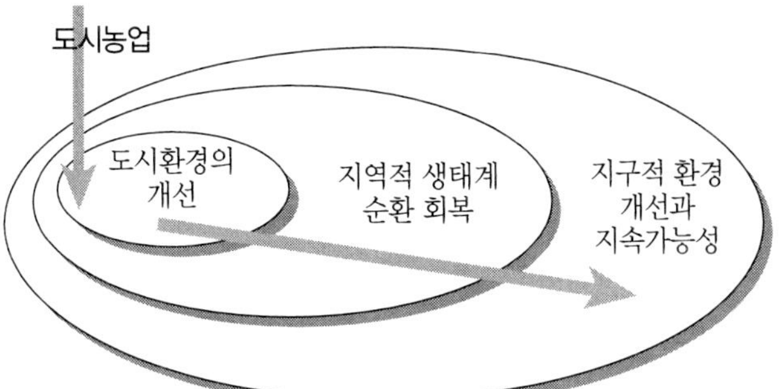

[그림 5-2] 도시농업을 통한 생태적 유익의 범주 확장

메마른 도시와 푸르른 도시

도시가 메말라 가고 있다. 서울의 봄철 상대습도는 40년 전과 비교했을 때 16%가 감소했으며, 국내 10개 도시의 상대습도와 기온 분석결과 도시 건조화 현상이 빠르게 진행되고 있다.[2] 도시 건조화로 인한 영향은 특히 봄과 겨울에 나타난다. 건조한 봄과 겨울은 화재발생을 높이고, 아토피나 천식 등 알레르기성 질환을 악화시킨다.

또한 도시는 메말라 있으면서 홍수가 쉽게 일어난다. 도시홍수는 인공적인 배수시스템이 한꺼번에 몰려드는 빗물을 처리하지 못함으로써 발생하는 현상이다. 하천의 범람으로 인한 저지대의 잦은 침수와 기물 유실 등 경제적 피해를 가져온다.

도시의 건조화 현상과 홍수는 도시화가 진행됨에 따라 물순환에 변화가 생겼기 때문이다. 도시화로 물이 흡수되지 못하는 콘크리트 표면의 증가와 녹지가 부족해졌다. 자연스러운 물의 순환은 강우현상에 의해 내리는 빗물이 지표로 흡수되어 강물이나 지하수 형태로 바다로 흘러들어

2) 매일신문(2005). 5월 30일자.

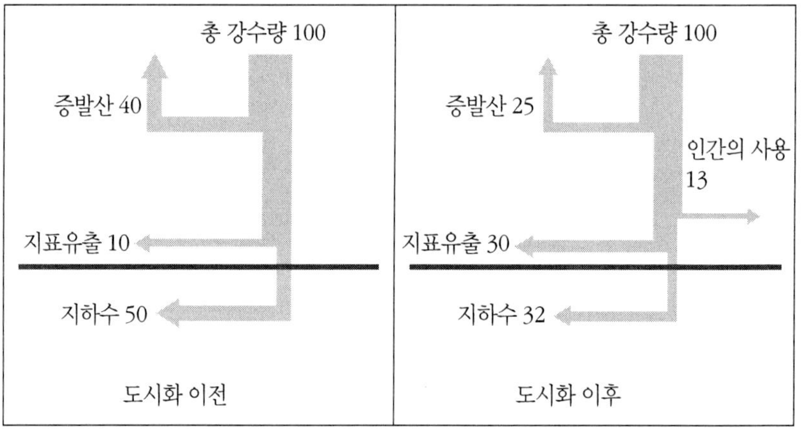

[그림 5-3] 도시화에 따른 물의 순환 변화

가게 된다. 또한 지표면과 녹지식물에 의해 증발산되며, 적은 양만이 지표로 유출되는 순환과정을 거쳐왔다. 그러나 도시화 과정에서 나무들을 베어 내고, 도로를 포장하며, 밀도 높은 콘크리트 건축물이 들어선 결과 지하수로 흡수되는 물의 양은 현저히 줄어들게 되었다. 녹지 감소로 인해 증발산 또한 감소하였으며, 지표로 유출되는 물의 양은 증가하게 되었다. 따라서 우리는 도시에 살면서 늘 건조함을 느끼고 비가 많이 올 경우 홍수를 경험하게 된다.

물 순환을 개선하기 위한 해결방법은 다양하다. 그 가운데 도시농업은 사회구성원들의 자연스러운 참여를 통해 전체를 개선시킬 수 있는 효과적인 방안이 된다. 전체 도시지역의 73%가 빗물이 통과할 수 없는 콘크리트로 포장되어 있는 서울시는 위와 같은 문제를 개선하기 위해, 건축시 일정비율 이상 콘크리트 포장을 하지 못하도록 하는 기준을 적용하기로 하였다. 확보된 비포장 면적은 활용의 문제를 안고 있다. 녹지가 조성되었을 경우, 관리의 어려움과 비용부담으로 방치되는 결과를 가져올 수 있기 때문이다.

녹지 확대와 유지에는 시민들의 자발적인 참여가 있어야 가능하다. 해

사진: 아파트 공터에서 식물을 가꾸는 주민
삭막해지기 쉬운 아파트 단지의 공터를 이용해 주민들이 함께 식물을 가꾸는 도시농업으로 단지 환경을 미화하며, 푸르른 도시환경을 만들 수 있다.

외 사례에서 나타낸 결과와 같이 도시농업을 활용한 개인적 참여 프로그램과 공동체 형성 프로그램 마련은 녹지 활용률을 높여 주며, 효율적인 관리를 가능하게 한다. 자신의 집앞과 옥상 등에서 꽃과 나무를 가꾸며, 채소를 재배하는 즐거움은 도시의 물 순환을 개선시키는 효과까지 불러일으킨다. 흡수되지 못하고 하천으로 몰려드는 빗물을 감소시킬 수 있을 뿐만 아니라, 빗물을 모아 농업용수로 사용할 수 있다. 나아가 회색 콘크리트로 덮여 있는 메마른 도시에 푸른 녹지가 확대되면서 자연스러운 습도조절 효과를 얻을 수 있다.

〈표 5-1〉 도시환경 개선에 기여하는 도시농업

	도시 건조화	도시 홍수
원인	• 녹지감소 • 도시의 불투성 지표면의 증가 • 물 순환의 변화	
피해 현상	• 증발산 감소 • 대기 중 습도 감소 • 하천의 건천화 • 알레르기 질환 증가(아토피, 천식)	• 빗물의 지표 유출 • 하천의 범람 • 저지대 침수 • 기물 파손
도시농업 활동 제안	• 아스팔트 위에 화분 놓기(화분에 라일락 기르기)	
개선 사항	• 녹지 면적의 확대, 녹지 활용률 증가 • 도시 물순환의 개선 • 도심의 냉각수 형성	
경제적 효과	• 여름철 도시 기온의 하강(예: 청계천 일대 3.6℃ 기온 하강) • 산불예방 • 녹지관리 비용절감 • 지하수 보유, 홍수 재해 복구비용 절감	

뜨거운 도시와 쾌적한 도시

도시화는 도시의 온도를 높였다. 서울의 경우 도시 안과 밖의 기온차는 최대 9.6℃로 나타났다. 또한 우리나라 4대도시의 평균기온을 살펴보면 1900년대 초와 비교해서 1.8℃가 상승했다. 이는 지구온난화로 인한 한반도 기온 상승이 0.5~0.7℃의 2.5배에 해당하는 것이다.

도시 열섬현상이라 불리는 도시기온의 상승은 열대야 현상과 국지적인 대규모 홍수, 대기오염의 악화, 냉 · 난방비 상승을 가져온다. 최근 발표된 자료에 의하면, 서울지역의 기상변화로 집중호우가 크게 늘어났다. 서울에 시간당 20mm 이상의 집중호우가 내린 시간은 1970년대 15시간,

1980년대 24시간, 1990년대 61시간으로 급증하였다. 시간대별로는 새벽 1~6시에 많이 내리던 집중호우가 1990년대에 들어서는 오전 7시~낮 12시, 오후 1~6시에 많이 내렸다. 이는 도시활동이 활발한 시각으로, 이 같은 집중호우는 도시의 열섬현상의 영향으로 발생한다.

도시 열섬현상은 도시의 환경 특성에 기인한다. 열섬은 도시 내 냉·난방으로 발생하는 열과 대기오염, 공기의 순환 단절, 포장된 도로 등에 의해 발생한다. 도시열섬은 도시 안에서 냉·난방 등으로 발생하는 열과 도시의 녹지를 대신하여 포장한 아스팔트와 콘크리트 등 각종 인공시설물의 영향으로 주변의 교외지역보다 고온의 공기가 도시 상부를 섬 모양으로 뒤덮고 있는 상태를 의미한다. 이 현상은 도시에서 공기의 순환이 제대로 이루어지지 않으면서 오염물질을 계속 잡아두어 스모그를 형성시키며, 그 오염물질이 또다시 열을 흡수하여 대기의 온도를 높이는 반복적인 상태를 불러일으킨다. 도시를 덮고 있는 아스팔트와 콘크리트는 빛을 흡수하고 흡수한 빛을 적외선 방사 형태로 외부로 다시 내보내 대기의 온도를 높인다. 따라서 도시의 기온이 높아지며 상승기류와 구름이 생겨나 집중호우가 증가하게 된 것이다.

■ 고궁은 도시의 에어컨

권 박사는 2000년 6월부터 창덕궁, 창경궁, 종묘 등 서울에 있는 3개의 고궁과 주위 지역 22곳의 기온을 6개월 동안 조사했다. 이 결과 6~8월에 고궁 안의 기온은 이곳에서 600m 떨어진 혜화동 로터리 일대보다 3~4℃나 낮았다. 고궁은 주변 온도까지 낮췄다. 서울의 열 상태를 찍은 위성사진을 보면 종로 시내에서 고궁에 가까이 갈수록 기온이 떨어진다. 이번 연구에서도 혜화동 로터리에서 고궁 쪽으로 다가갈수록 한여름 기온은 200m마다 1~2℃ 떨어졌다. 고궁 안의 시원한 공기가 바람을 타고 주변으로 퍼져 기온을 낮춘 것이다. 고궁 중에서도 녹지가 많은 창덕궁이 '에어컨 효과'가 가장 높았으며, 크기가 작은 강남의 선릉도 '에어컨' 역할을 하는 것으로 조사됐다.

권 박사는 “3개 고궁을 더하면 넓이가 0.86km^2 정도로 웬만한 공원을 능가한다.”며 “이곳에 조성된 숲이 도시의 온도를 낮추는 ‘차가운 섬(냉섬)’이 된다.”고 설명했다.

인구가 많은 도시는 온도가 매우 높은 ‘열섬’이 된다. 그러나 도시 안에 만들어진 작은 냉섬은 열섬을 조각조각 잘라 열섬효과를 낮춘다.

무분별한 도시개발 속에서 살아남은 고궁이 이제 도시의 숨통까지 틔워주는 것이다. 게다가 도시의 공원은 공기를 불안정하게 만들어 대기오염물질이 빨리 확산되도록 도와주는 역할도 한다. 고궁은 아니더라도 도심의 숲이나 나무가 도시의 기온을 낮춘다는 연구는 최근 많이 나오고 있다.

여름 기온이 높기로 유명한 대구시는 1996~2000년까지 4년 동안 436만 그루의 나무를 심었다. 계명대 김수봉 · 김해동 교수팀(환경학부)의 조사결과 1997~99년까지 3년 동안 대구시의 기온은 1.2℃나 떨어졌다. 대구시는 앞으로 2005년까지 매년 나무를 100만 그루씩 심어 대구를 ‘시원한 도시’로 바꿀 계획이다.

미국 등은 지역 대학에서 냉방에 좋은 나무를 선정하고 주민들이 이 나무를 집 주위에 심어 도시의 온도를 낮추고 있다. 한국임업연구원도 올해부터 가로수가 도시 냉방에 미치는 영향을 조사하기 시작했다.

숲은 여러 가지 방법으로 기온을 낮춘다. 나무가 광합성을 하면 잎에서 물이 나오는데 이 물이 증발하면서 주변의 열을 빼앗는다. 또 넓게 드리워진 숲은 태양의 복사열을 차단하고, 바람을 일정한 방향으로 유도해 사람이 많이 사는 곳으로 가게 할 수 있다.

강원대 조현길 교수(조경학과)는 “지름 16cm의 나무 한 그루는 하루 동안 24평형 에어컨 1대를 12시간 동안 가동하는 만큼의 냉방효과를 갖는다.”고 설명했다. 한국 도시의 녹지 비율은 대부분 10~15%인데 이를 10% 포인트 높이면 도시의 평균 기온이 0.6~1℃ 떨어진다. 조 교수의 연구결과 여름철 냉방 에너지는 약 10% 낮출 수 있으며, 강원도 춘천시의 경우 가구당 1년에 3만 1,000원을 아낄 수 있다.

계명대 김수봉 교수는 “도시 속의 녹지는 열섬효과를 낮추는 데 매우 효과적”이라며 “한국 도시는 녹지 비율을 20%까지만 올리면 도시 기온을 낮추고 기후를 적절하게 조절할 수 있을 것”이라고 강조했다.

(동아일보 2002. 5. 7)

앞의 사례와 같이 열섬현상을 완화시키기 위한 방안은 녹지 확대를 통한 기온저하 및 공기 순환회복과 오염된 공기의 정화이다. 식물은 다양한 방법으로 기온을 낮추어 준다. 콘크리트가 열을 축적하여 방출하는데, 녹지는 태양열을 반사하거나 흡수하여 생장에 사용한다. 증산작용을 통해 대기에 영향을 주는 열을 활용하여 기온을 낮추는 효과를 가져온다. 플라타너스 한 그루의 증산량은 15평형 에어컨 2대를 13시간 이상 가동하는 효과와 같다.[3] 또한 녹지의 비율이 54%인 장소의 온도는 녹지가 전혀 없는 장소에 비해 평균 3.6℃가 낮았다. 녹지가 22%를 차지하는 주거지의 경우 여름철에 식물이 전혀 없는 곳보다 1.4℃ 정도 낮게 측정되었다.[4]

기온이 낮추어진 녹지 공기는 도심지보다 온도가 낮아 하강기류를 발생시켜 높은 온도로 상승된 오염공기를 하강시키게 된다. 내려온 오염공

사진: 옥상을 활용한 도시농업

도심 속 녹지는 공기를 정화하며, 공기순환을 촉진하여 대기환경을 개선시킨다. 녹지 공간은 비단 땅에서뿐만 아니라, 도심지에 많은 부분을 차지하는 건물 옥상을 활용할 경우 공간 활용도를 높이며 대기환경 개선에 기여할 수 있다.

3) 변병설, 이병준(2002). 쾌적한 도시환경을 위한 녹지확보 방안. 한국환경정책 평가연구원 연구보고서. KEI-WO-09.

4) 조현길 외 2인(2003). 도시녹지의 대기환경 개선효과. 한국조경학회 31(3), 83-90.

기는 수목에 의해 정화되어 시내로 들어가 도시 기후를 개선시키게 된다. 즉, 도시 내에서 건물들에 둘러싸여 단절되어 있는 공기흐름을 연결해 주는 것이다.

식물을 통해 도시열섬을 완화시킬 수 있는 또 다른 형태는 오염된 공기의 정화다. 도시에서 발생하는 각종 오염물질은 방출되어야 할 열을 잡아둔다. 이와 같은 원리의 현상이 지구온난화 현상이다. 지구온난화는 온실가스(이산화탄소, 질소산화물, 프레온가스 등)가 방출되어야 할 열을 잡아둠으로써 발생한다. 식물은 지구온난화를 완화시키는 데 중요한 역할을 담당하며, 도시의 열섬현상에도 같은 방식으로 기여한다. 공기 중 오염물질을 감소시키는 식물의 공기정화 효과는 많은 연구를 통해 실증적으로 입증되었다. 식물은 광합성과 호흡에 의하여 공기의 흐름을 유도하며 그 과정에서 오염물질을 흡수, 흡착함으로써 공기를 정화시키는 능력이 있다.

미항공우주국(NASA)의 연구에서 실내식물을 통해 포름알데히드와 같은 실내오염물질이 흡수된다는 것은 이미 입증되었으며, 이산화탄소나 질소화합물 등의 흡수효과가 있음이 밝혀졌다. 도시농업을 통해 늘어나는 식물은 뜨겁고 공기순환이 단절된 도시를 쾌적한 도시로 변화시킨다. 도시 내 실내 공기의 질을 개선시킬 수 있을 뿐만 아니라 실외에 형성되는

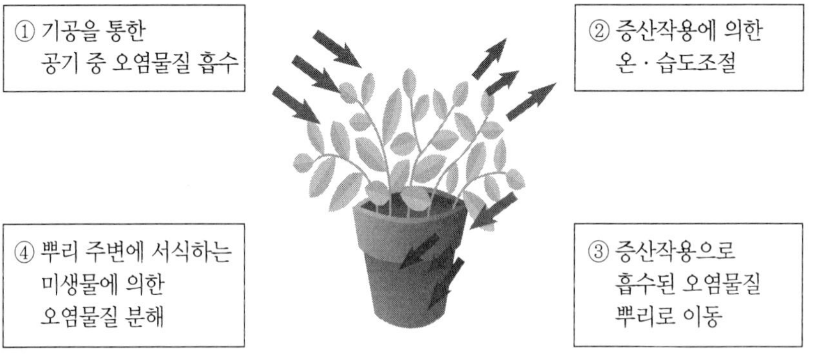

[그림 5-4] 식물의 공기정화 기작

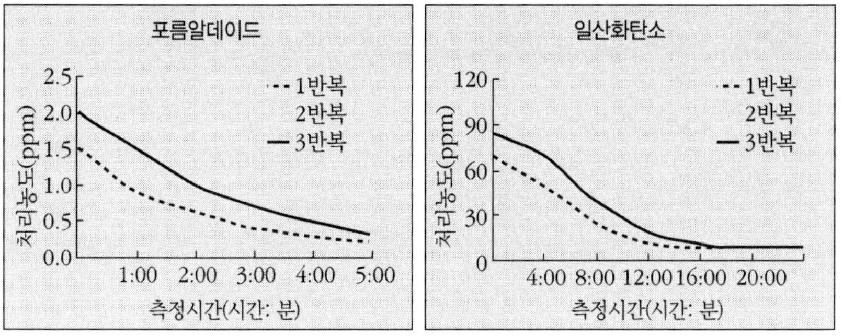

[그림 5-5] 식물의 공기오염물질 제거 효과

녹지공간 또한 오염물질 정화 기능, 광합성을 통한 이산화탄소의 감소, 산소의 발생에 기여한다. 활용 가능 식물은 가로수나 화단용 재배 식물 등 관상 목적 식물뿐만 아니라, 우리 전통 농작물 또한 활용될 수 있다. 수수, 옥수수, 목화, 율무, 결명자 등 농작물도 도시환경에 적응하여 살아갈 수 있음이 밝혀졌다. 따라서 도시농업은 환경을 미화시킴과 동시에 도시 대기 환경을 개선시키고 작물을 재배하는 등 다면적인 활용이 가능하다.

〈표 5-2〉 실내에 적합한 공기정화 식물의 예

종류	이용	특성
드라세나 맛상게아나 (행운목)	• 실내 정원 • 분화 장식	포름알데히드 등의 실내공기유독물질의 제거율, 증산작용률 높음, 병충해 강함
스파티필럼	• 실내 정원 • 분화 장식 • 수경재배 장식 • 빌딩로비 • 가정 베란다 화단	알코올, 아세톤, 트리클로로에틸렌, 벤젠, 포름알데히드 등의 오염물질 제거율, 증산작용률 높음
드라세나 (마지나타)	• 빌딩 로비 • 공공건물의 아트리움 장식 • 대부분의 주거환경에 적합	키실렌, 트리클로로에틸렌 등의 휘발성 화학물질의 제거율, 증산작용률 높음, 건조한 환경에 잘 견뎌 겨울철 실내 식물로 적합

종류	이용	특성
벤자민 고무나무	• 일반가정 • 쇼핑센터 • 공공건물의 아트리움, 로비	포름알데히드 등의 실내오염물질 제거율, 증산작용률 높음, 새로운 환경에 적응기간 필요
에피프레넘 (스킨답서스)	• 커버식물로 이용 • 실내 발코니나 아트리움의 벽면을 장식 • 실내 정원용 • 수경재배 장식	생장이 빠르고 우수, 해충에 강하며 관리와 재배가 쉬움, 증산작용률, 휘발성 화학물질 제거율 높음
디펜바키아 (카밀라)	• 일반가정 및 사무실 • 분화 장식 • 실내 조경	증산작용률, 휘발성 화학물질 제거율 높음

〈표 5-3〉 실외에 적합한 공기정화식물의 예

종류	이용	특성
맥문동	• 길가 화단의 경계나 모서리 식재 • 지피 식물 • 정원 바위 사이에 식재	공기 중 암모니아 제거능력 높음
철쭉	• 정원 조경, 울타리용	증산작용률, 휘발성 화학물질 제거율 높음.
은행나무	• 가로수, 정원 조경수	대기중 이산화탄소, 오존, 대기중 열, 아황산가스, 이산화질소 흡수, 산소 방출
메타 세콰이어	• 가로수, 정원 조경수	대기중 이산화탄소, 오존, 대기중 열, 아황산가스, 이산화질소 흡수, 산소 방출

■ 방음, 차폐효과

오염된 공기뿐만 아니라, 소음과 진동은 일상생활과 인체에 커다란 영향을 미치는 공해다. 소음의 경우 30dB일 때 수면에 영향을 주지 않지만, 40dB에서는 깊은 수면에 방해를 일으키기도 한다. 소음의 정도가 50dB이면 호흡과 맥박수가 늘어나고, 60dB 이상부터는 수면장애가 시작되는 등 일상생활에 직접적인 영향을 미치게 된다. 최근 도시에서 측정된 도로변 자동차의 경적음은 100dB, 도로변 소음은 70dB으로 나타났다. 도심의 도로와 고속도로의 이용이 늘어나면서 교통소음 방지에 대한 방음벽 설치 요구가 늘어나고 있다. 식물을 이용하여 방음벽을 설치하는 것은 도시의 공기정화 효과 외에도 소음을 줄이는 역할을 한다.

가로수와 도로의 가장자리에 화단, 옹벽에 덩굴식물을 심는 것은 도심의 소음을 줄이는 방법이 된다. 도로뿐만이 아니라 앞으로 모든 건설공사 현장에서 발파, 장비가동 등에 따른 소음을 줄이기 위한 가설 방음벽 설치가 의무화되고 있다.

차폐가 필요한 도시 지역 공간에 식물을 식재하는 것은 주변 환경과 조화를 이루어 피로감을 완화시키는 시각적인 효과를 가짐으로써 쾌적

사진: 주차빌딩 벽면 녹화
건물 벽면 녹화는 공간을 개방하면서 시각을 차단시키는 데 유용한 방안이다. 또한 도시 미관에 녹색을 부여함으로써 시각적으로 편안함을 주며, 소음을 줄이고 오염공기를 정화시키는 등의 효과가 있다.

〈표 5-4〉 도시농업으로 쾌적하게 변화하는 도시환경

	도시 열섬 현상	방음, 차폐
원인	• 냉난방기 사용으로 인한 열 발생 • 도시의 포장열 • 공기순환의 단절	• 교통소음 • 건설 현장의 소음 • 좋지 않은 미관
피해 현상	• 열대야 현상 • 도시의 기온 상승 • 도시 집중호우 • 대기오염 악화(스모그)	• 수면장애 • 피로감
도시농업 활동 제안	벽면 담쟁이 심기	
개선 사항	• 녹지 확대 • 식물의 증산작용에 의한 기온 하강 • 광합성에 의한 산소 발생 • 공기순환의 회복 • 공기의 정화	• 방음벽 설치(식물식재) • 소음차단 • 차폐효과 • 도시미관 향상
경제적 효과	• 냉방비 절감 • 도시 대기오염 방지 • 녹지 비율 24%인 주거지 온도 하강 (1.4℃ 하강) • 증산작용으로 기온 하강 (플라타너스 1그루의 증산량은 15평형 에어컨 2대, 13시간 사용량과 동일)	• 소음과 진동 공해 예방

한 도시 공간을 만들 수 있다.

자원이 절약되는 도시

전 세계가 화석연료 및 각종 오염원에서 배출되는 온실가스를 줄이기 위한 노력을 시작하였으며, 2005년부터 적용되기 시작한 교토의정서가 중요한 기점을 제공하고 있다. 교토의정서는 심화되는 지구 온난화와 기후변화에 대처한 국제적 협약이다. 이 협약은 기후변화를 일으키는 지구 온난화를 완화시키기 위해 온실가스를 단계적으로 감축시키는 방안을 담고 있다. 우리나라는 온실가스 감축의무가 있는 선진국가에 해당되지 않아 직접적인 영향은 없지만 온실가스 배출량이 기준 연도인 1990년 대비 2배가량 증가했고, 배출 증가량은 세계 1위를 기록해 온실가스 2차 의무감축(2013~17년) 대상을 피하기가 쉽지 않은 상황이다.

온실가스는 해마다 늘고 있는데 그중 80%는 석유, 석탄, 가스 등 화석연료 연소에서 배출되는 것이며, 나머지 20%는 산림을 벌목하여 식물에 의한 이산화탄소 흡수량이 줄어들었기 때문이다. 온실가스로 규정된 이산화탄소의 경우, 우리나라 배출량은 세계 9위로 전 세계 배출량의 1.8%다. 또 다른 온실가스는 에어컨 냉매로 쓰이는 프레온 가스(염화불화탄소 CFCs)이다. 프레온 가스의 과다 배출은 성층권의 오존층 파괴를 일으킨다. 오존층 파괴는 지표면에 도달하는 자외선량을 증가시켜 동식물의 조직파괴와 같은 피해를 일으킨다. 미국환경보호청 자료에 따르면 향후 10년 동안 자외선의 증가로 인한 피부암 때문에 미국에서만 20만 명이 사망할 것이라고 한다.

이러한 온실가스의 대책으로 도시에 푸르름을 가꾸는 도시농업은 대안이 될 수 있다. 도시는 기계적으로 실내의 안락함을 조절하고 있다. 화석

〈표 5-5〉 지표면의 대기 조성

종류	비율	종류	비율
질소(N_2)	78.08	산소(O_2)	20.95
알곤(O_2)	0.93	물(H_2O)	0.1~2.8
탄산가스(Ar)	0.035	네온(Ne)	0.0018
헬륨(He)	0.00052	메탄(CH_4)	0.00017
크립톤(Kr)	0.00011	수소(H_2)	0.00005
일산화질소(N_2O)	0.00003	일산화탄소(CO)	0.00001

연료를 이용한 난방과 프레온가스를 배출하는 에어컨 사용으로 생활의 편리함을 누리고 있다. 그러나 이와 대비되게 도시의 실외 공간은 오염이 증가되고 있다. 이러한 도시에 식물을 심으면 기계적인 기후 조절을 위한 에너지 사용량이 줄어들어 크게는 온실가스 감축 효과를 가져온다. 그리고 작게는 가정 및 건물의 냉난방비 절감의 효과를 얻을 수 있다.

한 예로 옥상을 활용한 도시농업을 실행할 경우 냉난방비 절감효과를 거둘 수 있다. 여름에 30℃가 넘는 날, 옥상 콘크리트 표면은 50℃에 가깝게 오르며, 그 밑부분은 40℃에 이른다. 만약 옥상 공간에 식물을 심고, 가꾸어 활용한다면 옥상 표면의 온도는 26~27℃로 유지된다. 그만큼 여름철 냉방비를 절감할 수 있게 된다.

사진: 빌라 벽면을 활용한 넝쿨성 식물(포도) 심기
건물 벽면에 식물을 심을 경우, 냉 · 난방비를 절감할 수 있다. 화석연료를 주로 사용하게 되는 냉 · 난방을 줄임으로써, 온실가스 절감과 오존층 파괴 완화의 효과를 가져온다.

뿐만 아니라, 건물과 주변 환경에 식물을 심었을 때 얻는 효과는 건물 내구성의 증가다. 건물 벽면은 온도의 변화에 의해 팽창과 수축을 반복한다. 이 과정에서 미세한 균열이 일어나는데, 이 균열은 건물의 내구성에 영향을 준다. 만약 식물을 식재하였을 때 온도를 일정수준으로 유지시켜 균열 발생을 방지하는 효과를 얻을 수 있다.

도시농업을 통해 확대되는 도심 속 녹지는 화석연료를 중심으로 한 자원 사용을 절감하는 효과를 가져온다. 이렇게 자원이 절약되는 도시는 지구 환경에도 긍정적인 영향을 미친다.

도시는 생태적 지속가능성을 위한 환경을 만들어야 한다. 독일에서는 도시 건물들의 벽면을 합치면 약 5만 헥타르가 나온다는 계산을 하였다. 도시 건물 벽면의 1%에 식물을 심는다면, 1헥타르의 녹지가 줄 수 있는 유익을 통해 예측할 수 있다. 1헥타르 녹지는 연간 16톤의 이산화탄소를

〈표 5-6〉 도시농업을 통한 지구적 환경문제 개선효과

	지구온난화	오존층 파괴
원인	화석연료 사용 증가(온실가스 발생)	• 냉방기 사용 • 프레온가스 사용량 증가
피해 현상	• 지구의 연평균 기온상승 • 빙하의 녹음에 의한 해수면 상승	• 자외선 증가 • 피부암 발생 • 호흡기 질환
개선 사항	• 식물의 공기정화 • 광합성에 의한 온실기체 감소 • 자연스런 기후조절	• 식물에 의한 온도 하강 • 냉방기 사용량 감소
도시농업 활동 제안	우리 집 주차장에 나무 심기(단풍나무 기르기)	
경제적 효과	• 온실가스 감축 비용 절감 (교토의정서 이행) • 빙하의 해빙 방지 (매 10년간 4% 감소) • 극지방 생물의 멸종 위기방지	• 대기환경 개선비용 감소 (에어컨 냉매 회수비용)

흡수하고 12톤의 산소를 방출한다. 또한 식물을 집약적으로 심은 지역은 그렇지 않은 지역보다 평균 2~4℃의 기온조절 능력을 갖고 있다.

도시에서 발생하는 다양한 오염원과 상황의 악화는 도시에 존재하는 많은 자원을 효율적으로 활용했을 때 개선시킬 수 있다. 도시에는 농업으로 녹지를 확대하여 환경개선 효과를 얻을 수 있는 많은 공간을 갖고 있다. 또한 인력도 풍부하며, 과학기술의 발달로 우리에게 주어진 시간도 늘어났다. 도시농업은 그 모든 자원을 활용하여 보람을 나눌 수 있는 훌륭한 대안이 된다.

다양함이 살아 있는 도시

생물종의 다양성은 생태계 회복력을 결정짓는다. 환경의 급격한 변화나 공해에 의해 한 생물종이 생존에 위협을 받을 경우 생태계는 균형이 깨어지게 된다. 생태계가 다시 균형을 잡을 수 있는 능력은 각 생물종과 연결을 갖고 있는 생태계의 다른 구성원에 의해 결정된다. 다양성이 있는 생태계는 멸종된 생물종이 담당하던 역할을 다른 생물종이 담당할 수 있는 가능성을 지녔기 때문이다. 따라서 생물종의 다양성은 생태계가 유연성과 회복력을 지니고 건강하게 생존하는 데 필수적이다.

생태계는 환경변화에 민감하게 반응하며 적응하게 된다. 생태학 발전 초기에 학자들은 먹이 관계성을 연구하며 먹이사슬의 개념을 형성하였다. 작은 물고기를 먹는 물고기, 그 물고기를 먹는 큰 물고기라는 연쇄적인 반응을 개념화했다. 후에 큰 물고기가 죽으면 곤충이나 박테리아의 먹이가 되어 돌아간다는 먹이 사이클(cycle)로 변화하였다. 그리고 현대에 들어와서는 단순히 물고기들의 사이클이 독자적으로 존재하는 것이 아님을 발견하였다. 즉, 여러 종류의 먹이 사이클은 서로 연관되어 있음을 밝힌 것이다. 그 개념이 먹이그물이다. 생태계에 살아가는 다양한 생물종은 일차적인 먹이그물 속에 있으며, 3차원적 네트워크로 연결되어 있음을 의미한다. 이 같은 먹이그물이 촘촘하게 짜여 유지된 생태계는 환경변화로 인한 영향에 빠르게 적응할 수 있는 유연성을 지니고 있다.

산림이나 들판, 습지, 호수 등의 자연경관은 오래된 재래식 농촌경관과 마찬가지로 야생동물의 서식처가 된다. 그러나 오늘날 날로 증가하는 산업화에 의하여 생태계의 불균형은 가속화되고 서식환경을 단순화시켰으며 적응력이 강한 몇몇 종만이 번성하게 됨으로써 자연생태계의 다양성이 파괴되었다.[5] 국제자연보호연맹(IUCN)에서 밝힌 우리나라 멸종위험 조류는 2000년 17종에서 2004년 35종으로 2배 이상 증가하였다. 현재 지구상에 존재하는 것으로 추정하고 있는 1,000~3,000만 종의 생물이 연평균 0.5%씩 감소하여 향후 20~30년 내에 전체 생물종의 20~30%가 멸종될 것으로 전망된다. 포유류는 삼림서식의 양과 수종의 감소로 인해 많은 종이 퇴행하였으며, 파충류, 양서류 등의 감소와 그로 인한 먹이연쇄에 의하여 곤충류, 조류 등의 감소가 뒤따르고 있다. 생물종 다양성이 급격히 줄어들며 특히 도시환경의 경우 더 심각한 수준에 이르렀다.

어떤 종류의 생물이라도 그 생물만을 위해 전용으로 만들어진 환경에서는 살 수 없다. 모든 생명체는 생태계라는 공동체를 파괴하지 않고 함께 살아가야 한다. 인간이라고 예외일 수는 없다. 그러나 우리나라 인구의 80% 이상이 살아가는 도시환경은 콘크리트로 땅을 덮어 버리고, 나무를 베어 버리는 등 인위적인 환경이 되면서 다른 생명체들이 발 붙이지 못할 환경으로 만들어 왔다.

1992년 6월 브라질 리오에서 개최된 유엔환경개발회의에서는 생물의 다양성 보전조약이 체결되었다. 이 조약은 생태계의 다양성과 생물의 다양성, 종의 다양성을 이루어 다양한 생물과 인간이 공존하려는 것이다. 이러한 조약의 체결에 이어 비오톱(Biotop)에 대한 분위기가 확산되었다.

---

5) Hough, M. (2003). 도시경관 · 생태론(오구균 외 공역). 서울: 기문당.

사진: 도로변 화단 식물의 다양성
도로변에 설치한 화단을 자연 서식처로 활용할 수 있다. 도시 내에서 자연발생적으로 식물을 식재하였을 경우, 식물종의 다양성 증가와 함께 동물의 다양성을 증가시킬 수 있으며 시각적으로 자연스러움을 느낄 수 있다.

비오톱이란 소(小)생물권 또는 소규모 생식장소로 다양한 생물들이 살아가는 지리적 단위를 의미한다. 도심에서 비오톱을 형성하는 작은 움직임에서 도시농업을 시작할 수 있다. 집 앞의 작은 꽃나무는 곤충이 살 수 있는 장소를 마련해 주고 그 곤충을 먹이로 하는 새들이 꽃나무에 찾아올 수 있다.

캐나다 토론토의 중심지역에 있는 수년 동안 방치되었던 소규모의 자연지역에서 63종의 조류와 23종의 동물이 발견되었다. 여기에서 남겨진 자연서식처가 갖는 중요성을 말해 주고 있다. 우리는 도시공원에서부터 하천, 건물의 옥상과 같은 도시 부근 모든 장소의 영역에서 다양한 생물

종이 살아갈 수 있는 환경을 마련할 수 있다. 요즘 대도시 중 · 고층 빌딩이나 개인 주택의 옥상에서 생태공간으로 옥상정원을 가꾸며 매미와 잠자리, 나비 등의 곤충류, 조류 등의 다양한 생물 종이 도시 내에 공존할 수 있는 시도가 이루어지고 있다. 도시농업을 통해 옥상, 가정의 베란다, 도시공원 등의 공간에서 생물서식장소를 마련하는 것은 생물종의 다양성을 볼 수 있었다. 이러한 다양성은 도시를 활기차고 생동감이 느껴지게 만든다.

〈표 5-7〉 건강한 생태계 조성을 위한 도시농업

	생물종의 단순화
원인	• 도시 환경 변화로 인한 생물 서식 공간 파괴
피해 현상	• 삼림서식의 양과 수종 감소 • 생물 다양성의 감소
도시농업 활동 제안	옥상정원 만들기
개선 사항	• 도시 비오톱 형성의 움직임(도시공간에서 생물 서식 장소 마련)
경제적 효과	• 생태계 교란 방지로 인한 식량생산의 안정화 • 먹이사슬의 보존 • 멸종위기의 생물 보존 • 자연체험학습의 공간 제공

도시농업 활동 5

내 집앞 아스팔트 위에 라일락 화분 놓기

필요한 것은?			
□ 큰 화분	□ 배양토	□ 라일락	□ 물

화분에 라일락 기르기

1월	2월	3월	4월	5월	6월	7월	8월	9월	10월	11월	12월
← 월동 가능			↔ 꽃이 핌						→ 월동 가능		

라일락의 특징	
생육상	내한성이 강하여 겨울에 월동이 가능한 다년생 꽃나무
생육 환경	반음지나 양지에서 잘 자라고 공해와 병충해에 강함
번식	뿌리삽목(3월), 쥐똥나무에 접목, 씨뿌리기
이용	향이 강해 향수의 원료로 사용

어떻게 할까?

1. 아직 싹이 트지 않은 라일락 묘목을 구입한다.
2. 큰 화분을 준비하여 밑바닥에 자갈을 넣고 그 위에 배양토를 반쯤 채운다.
3. 퇴비를 넣고 다시 배양토로 덮는다.
4. 라일락 묘목을 심고 배양토로 채운다.
5. 화분의 배양토를 눌러 라일락을 고정시킨다.
6. 물을 충분히 준다.
7. 4~5월에 향이 좋은 라일락 꽃을 감상한다.

효과

- 아스팔트로 포장되어 빗물을 흡수할 수 없는 도로에 빗물 흡수 증가
- 대기가 건조할 때 수분을 증발시켜 도시 건조화 방지
- 도시의 미관 향상
- 도시 공기정화

도시농업 활동 6

공기를 정화하는 실내 관엽식물 기르기

필요한 것은?
□ 화분　□ 관엽식물(스킨답서스, 스파티필럼, 벤자민고무나무)　□ 장식용 돌　□ 물　□ 퇴비

관엽식물 알기

관엽식물의 특징			
번식	삽목 번식	생육온도	15~35℃ (실내에서 사계절 재배 가능)
수경재배	대부분의 관엽식물은 수경재배가 가능, 잎이나 뿌리를 물에 꽂아놓으면 새로운 뿌리를 내리며 자람.	빛	열대성 식물로 반그늘 조건에서도 광합성을 잘함.
공기정화 기능	기공, 뿌리미생물로에서 포름알데히드, 이산화질소, 이산화황, 일산화탄소 등의 오염물질, 담배 연기, 먼지 흡수	생육환경 및 관리	고온건조, 통풍이 잘 안 되는 환경에서 병충해 생김. 환경을 변화시키거나 잎을 물로 닦아줌.

어떻게 할까?

1. 실내에 많은 공기오염물질(담배, 조리기구 연소, 가구, 건축자재에서 나오는 오염물질)의 종류와 그 제거율이 높은 식물을 알아본다.
2. 일산화탄소 제거율이 높은 스킨답서스와 암모니아 제거율이 높은 스파티필럼, 포름알데히드 제거율이 높은 벤자민 고무나무 모종을 구한다(2004, Wolverton).
3. 화분에 배양토를 채우고 퇴비를 조금 넣은 후 스킨답서스, 스파티필럼, 벤자민고무나무를 심어 실내에 둔다.
4. 직사광선은 피하되 광합성을 위한 햇빛을 볼 수 있게 해 준다.
5. 화분의 흙이 마르지 않도록 물을 준다.
6. 관엽식물이 있는 공간과 없는 공간의 공기 질을 비교해 본다.

효과

- 식물의 환경오염 물질의 흡수, 공기정화 기능 인식
- 실내 관엽식물 기르기로 실내 미관의 개선
- 실내 공기질의 향상

6
함께 발전하는 도시와 농촌

매일 먹는 농산물은 생명처럼 소중하다. 선진국의 식량자급률은 대부분 높지만, 우리나라는 30% 미만이다. 도시농업으로 우리는 1%의 안전하고 신선한 식량을 손수 생산하여 자급할 수 있다.

■ 커져가는 도시
■ 식량 위기와 안전농산물 자급하기
■ 균형잡힌 사회 만들어 가기

6 함께 발전하는 도시와 농촌

우리 국민 대부분이 살아가는 도시는 많은 문제와 더불어 개선 가능성을 함께 지니고 있다. 마찬가지로 우리 농촌의 현재 모습은 다양한 문제와 함께 해결의 실마리를 갖고 있으며, 그 시작은 농촌에서만이 아니라 도시에서도 함께 시작해야 한다.

커져가는 도시

사람들이 도시로 향하는 이유는 도시 직업에 종사함으로써 얻을 수 있는 실제 소득보다는 기대소득에 대한 반응으로 나타난다. 이는 도시의 실업률이 높아 도시에서 직장을 구하기가 어렵더라도 농촌의 평균수입보다 도시의 기대소득이 높은 한 인구이동이 계속됨을 의미한다.

농촌을 이탈한 인구의 도시 유입은, 도시의 고용창출 수준을 앞지르고

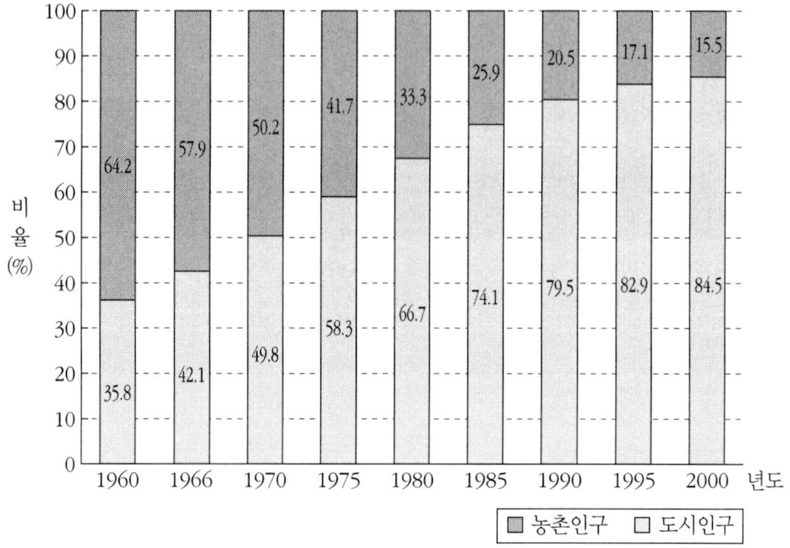

[그림 6-1] 40년간 도시와 농촌의 인구비율 변화

도시의 산업과 사회 서비스의 수용범위를 넘어서게 된다. 도시에서 발생한 환경오염 및 인구 밀집은 다시 농촌에 큰 영향을 미치게 된다. 인구 밀집으로 인한 주택 부족은 도시 근교에 대단위의 아파트 단지 조성이 필요하게 되었다. 따라서 도시가 필요로 하는 신선한 식량공급을 담당하던 근교농업은 밀려나는 현상을 불러일으켰고, 농지 감소 및 농업 인구 감소를 야기하였다. 현재 농가 인구는 도시화의 진행속도만큼이나 급격히 감소하여, 2000년 도시에 거주하는 인구가 전체 인구의 84% 이상 차지하며, 이에 반해 농촌에 거주하는 비율은 15%에 그치고 있다.

이와 같은 현실을 감안할 때 도시농업은 농업 영역 확대와 농업을 이해하는 계층을 늘릴 수 있는 기회로 삼을 수 있다. 이미 대부분 선진국에서는 도시농업의 이러한 긍정적 효과를 인정하며 정책으로 추진하고 있다.

식량 위기와 안전농산물 자급하기

농업인력 구조 변화를 보면 농업경영주는 핵심 노동인구로 분류되는 40세 미만의 청장년층은 1970년대의 35.2%에서 2003년의 3.5%로 심각한 수준으로 급감하였고, 60세 이상의 고령인구는 지속적으로 늘어났다. 농가인구 및 농업경영주 감소, 영농 종사자의 고령화로 양적 질적으로 인력수준이 떨어지고 신규 전문농업인력 육성을 위해서 다각적인 지원 필요하지만 현실적으로 어려운 실정이다. 즉, 도시화로 인해 도시가 보이는 문제만큼이나, 농촌 또한 인구의 감소와 더불어 농촌의 고령화 심화라는 큰 문제에 봉착하게 된 것이다.

농가 인력구조의 이와 같은 변화는 수입개방에 따른 경제적 압박으로 인한 농업 지속성 위협과 더불어 우리 농업의 자립성을 어렵게 만드는 요인이 되고 있다. 이 시점에서 우리가 관심 있게 살펴야 할 문제는 식량안보의 문제다. 먼저 식량농업기구(FAO)에 의하면 식량안보는 "충분한 수량과 만족할 만한 품질의 식량을 필요한 시기에, 필요한 장소에서 입

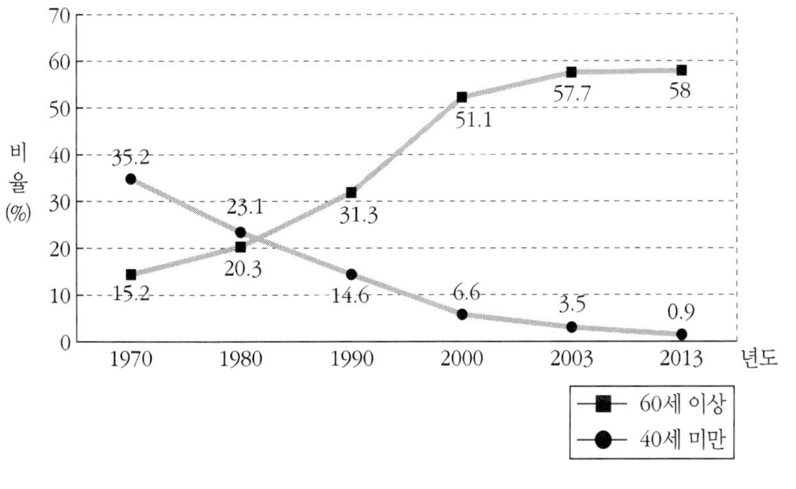

[그림 6-2] 농촌 인구 연령별 변화 예측

〈표 6-1〉 식량 위기론 예상 시나리오

구 분	예상 시나리오
국내 상황	• 농업 경영주 노령화로 생산성 저하 • 농업인구 감소, 농사 기피 • 한파, 가뭄, 폭염, 냉해, 수해 등 기상이변으로 자연재해 흉년
국제 상황	• 미국, 호주, 브라질 등 농축산물 수입 대상국 식량 무기화 • 중국의 산업화, 도시화로 농업인구 감소 • 농산물 생산국 기상이변으로 곡물 작황 흉년으로 가격 폭등

수 가능하고, 또 소비할 수 있으며, 이러한 상태를 지속할 수 있는 보증"으로 정의된다.[1)]

세계적으로 식량안보에 위협을 받는 국가들은 대부분 농업인의 감소와 더불어 경지면적의 감소를 경험하고 있으며, 그중에서 한국 · 일본 · 대만과 같이 산업화가 이루어지기 전에 높은 인구밀도를 보였던 국가들에서 두드러지게 나타났다. 경작지가 비농업 용도로 전환되거나 부가가치가 높은 특용작물 재배지로 바꾸는 비율이 우리나라의 경우 42%이며, 일본의 경우 전체 경작지의 52%, 그리고 대만은 35%로 집계되었다.

이와 같은 농업인구의 감소 및 노령화와 도시의 확장으로 인한 경지면적의 감소로 우리의 식량자급률은 현저히 떨어지고 있다. 이러한 추세는 앞으로도 계속될 전망이다. 특히 젊은층의 신규 농업으로 진입은 더욱 감소되고, 영세, 고령화된 농업인구는 앞으로 식량자급률을 위협하는 현실에 직면하면서도 그 심각성은 몇몇 전문가의 걱정으로만 남아 있는 것이 현실이다. UR 협상 이후 우리나라의 식량자급률이 지속적으로 감소하여 식량안보가 심각한 위기에 봉착했으며 장차 식량주권마저 상실할 처지에 놓여 있다. 이런 상황에서 도시민에게 농업을 알게 하고 농업이 국가기반 산업으로 중요한 의미가 있음을 모든 국민에게 교육해

1) 농업과 환경 편찬위원회(2003). 농업과 환경. 경북대학교 출판부.

〈표 6-2〉 농업인구와 식량자급률 변화

구 분		1970	1980	1990	2000	2003
인구 (천명)	전 체	32,241	38,124	42,868	47,008	47,925
	농 가	14,422	10,827	6,661	4,031	3,550
	농가(%)	44.7	28.4	15.5	8.6	7.4
식량자급률(%)		80.5	56.0	43.1	29.7	26.9

야 한다.

지금은 식량이 우리의 생존을 위협할 수 있는 상황이다. 도시의 소비자들을 대상으로 한 미래 식량 사정에 대한 설문조사 결과에서 앞으로 식량 사정이 불안하다(51.6%)는 소비자가 반을 넘어서고 있음은 이미 국민들에게도 위기감이 공유되고 있다.

식량자급률 1% 높이는 데 추정 비용은 밀은 1,587억 원, 콩은 5,409억 원, 옥수수는 1,324억 원이라는 보고서가 있다. 2003년 곡물가격이 폭등한 상황에서 1,411만 톤의 밀, 콩, 옥수수가 수입되었는데 수입금액은 총 20.8억 달러(2조 5천억 원)가 소요되었다. 만약 도시민이 도시공간에서 실행하는 농업을 통해 1%의 안전한 농산물을 자급한다면 국익은 물론 국민의 건강에도 기여하는 바가 크다.

경제적으로 지속가능한 사회를 만들기 위해, 가장 우선적으로 고려해

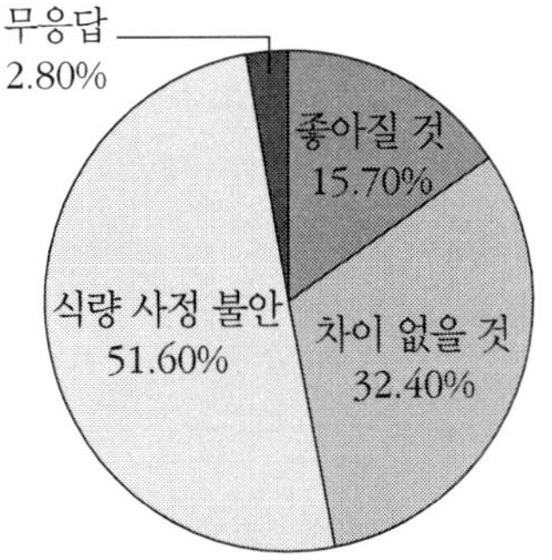

[그림 6-3] 미래 식량사정에 대한 소비자 인식조사

야 할 분야는 제1차 산업으로 분류되는 농업이다. 현대에 들어와서 1차 산업이라는 의미는 기존의 의미와는 다르게 받아들여지고 있다. 경제의 발전, 도시의 발생에서 인류 역사의 흐름 속에서 중심적 위치를 차지하는 농업은 현대에 와서 1차라 불리는 '근본, 시작, 본질'의 의미와는 달리 '낮은 수준'의 산업으로 인식되고 있다. 이에 비해 2, 3차 산업은 경제의 발전 양상에 의해 자연스럽게 추구하는 산업구조인데도, '고등' 산업으로 인식된 것은 사실이다.

지금의 우리나라는 고사 직전의 1차 산업인 농업과 동남아시아로 빠져나가는 2차 산업, 그리고 집중되는 3차 산업의 구도를 지니고 있다. 이와 같은 구도는 '사상누각'이라는 표현이 적절할 것이다. 근래에 관련자들의 안타까움을 사고 있는 사실은 IMF 위기 때 많은 종자회사가 외국에 매각된 사실이다. 어렵게 유지되어 온 소중한 산업이 위기를 맞으며, 결국 우리의 손을 떠나게 된 것이다. 이는 미래에 우리의 식량생산에 큰 영향을 줄 수 있는 위험요인이 될 것이라는 이해가 이즈음에 나타나고 있다.

현재 국가적 차원에서 '농업은 우리의 생명, 농촌은 우리의 미래'라는 모토를 중심으로 농촌과 농업을 양육하기 위한 다양한 정책을 실시하고 있으나, 많은 재정적 투자에 비해 그 효과가 만족스럽지 못한 현실이다. 이것은 도시민들의 무관심이 장애요인으로 작용하고 있다.

경제구조의 불균형 및 기후불안으로 인해 발생할 수 있는 식량위기 문제를 해결하는 방안으로써 도시농업은 효과적이다. 이는 경제위기를 기점으로 도시농업을 적용하여, 식량 자립성을 30% 이상 획득하며 많은 유익을 보인 쿠바의 아바나 사례에서 알 수 있다. 쿠바에서 1961년부터 실시한 농업교육은 농사를 통해 노동의 중요성을 배우는 교육 형태로 실시되었다. 이 교육법 도입에 결정적 역할을 한 호세 마르티는 "남녀 어린이들은 대지에 관한 지식을 기르지 않으면 안 된다. 책을 통해 간접적으로 배우는 것으로는 불충분하다. 자연에서 직접 배우는 것만이 실질적이며 풍부하다. 아침에 펜을 들면 오후에는 밭을 갈라."고 주장하였으며, 쿠바 대부분의 초등학교에서는 '학교 텃밭'을 활용했으며, 중학생이 되면 농촌에서 한 달여 간에 걸쳐 농사일을 직접 체험하도록 하였다.[2] 대학생도 일주일에 하루씩 농촌에서 일을 하도록 하여 학생들은 이마에 땀을 흘리며 일해야 한다는 사실을 실천하고 있다. 농업이 생활 속에서 자연스럽게 실행되었던 쿠바의 시스템은 위기를 또 다른 기회로 이용하였다. 식량자급과 안전한 식품의 확보뿐만 아니라, 관광수입이라는 경제적 이득까지 얻게 되었다.

균형잡힌 사회 만들어 가기

국가적 식량 자립성을 획득하기 위해서 농촌의 유지가 요구된다. 이는 도시와 농촌의 균형적인 발전이 관건이다. 농촌이 유지되기 위해서는 소득의 균형이 중요하며, 이와 더불어 도시민의 농업에 대한 중요성 인식 및 가치 향상이 이루어져야만 지속가능한 경제구조의 성취와 더불어 식량 자립성 획득을 할 수 있다.

농업의 공익적 기능 가운데서도 특히 농업이 농촌의 활력을 유지함으로써 국민경제에 기여함을 밝혔다. 이 결과는 도시혼잡 비용을 이용한 평가로 증명되었다. 도시혼잡 비용은 도시지역에 추가적으로 인구가 증가하고, 과밀화에 따른 대기오염 및 각종 폐기물 그리고 교통혼잡도와 교통사고 등에서 파생되는 비용으로서, 농업과 농촌에 활력이 유지될 경우 도시로의 인구이동을 억제하여 얻을 수 있는 경제적 가치를 의미한다.[3]

현재 조사된 총 비용은 179,283백만 원으로 집계되었다. 도시농업은

2) Yoshida, T. (2002). 생태도시 아바나의 탄생. 서울: 들녘.

3) 권오상 외(2003). 농업 및 농촌의 유지에 의한 도시혼잡비용 감소효과의 계측. 한국농업경제학회, 44(1), 153-173.

〈표 6-3〉 이농으로 인한 도시혼잡 비용[4)]

구 분		비용(백만 원)
대기오염 증가 비용		14,940
폐기물 증가 비용		13,489
교통혼잡 증가 비용	연료비용	6,126
	시간 비용	48,874
교통사고 증가 비용		95,854
총 비용		179,283

이러한 비용감소에 중요한 역할을 담당할 수 있다. 작은 실천을 통해 생명의 소중함을 경험하고 나아가 농업의 중요성을 인식하게 되어 행동의 변화까지 이끌수 있기 때문이다.

또한 도시에 살고 있는 청년층과 아동 · 청소년이 지속적으로 즐겁고 보람차며, 삶을 지속시키는 농업에 대한 체험을 하게 된다면, 우리 농업의 미래를 담당할 인재를 확보하게 된다. 현재 청년층 이하의 도시민들

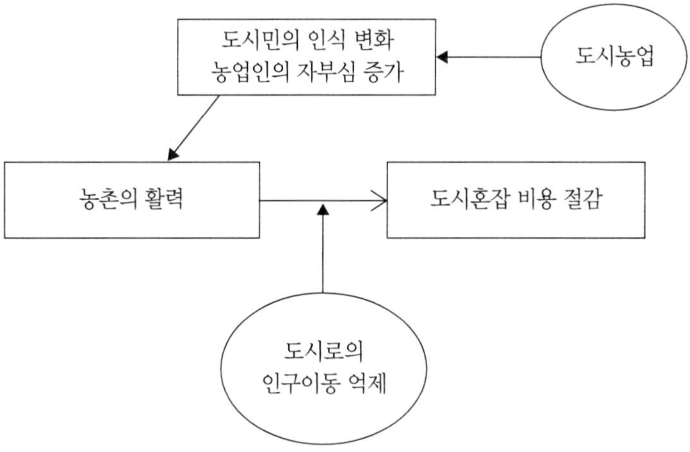

[그림 6-4] 도시농업의 농촌 활력 증진 경로

4) 권오상 외(2003). 농업 및 농촌의 유지에 의한 도시혼잡 비용 감소효과의 계측. 한국농업경제학회, 44(1), 153-173.

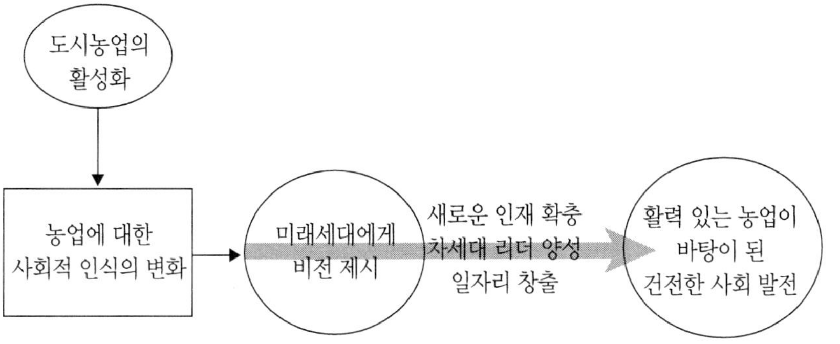

[그림 6-5] 건전한 사회 발전에 기여하는 도시농업

에게 농업은 힘들고 어려운 직업으로 인식되나, 개인의 삶에서의 풍요로움과 더불어 경제적인 발전 가능성이라는 측면을 보여 줌과 동시에 전문직으로서 농업을 체험한다면, 사회적 인식의 변화와 더불어 새로운 인재의 유입을 유도할 수 있다. 따라서 노령화로 인한 차세대 리더의 부재가 우려되는 현 상황에서 효과적으로 해결할 수 있는 해법으로써 도시농업은 유용할 것이다.

이중환의 『택리지』에서 주장하는 '살 곳을 가리는' 기준은 지리(地理), 생리(生利), 인심(人心), 산수(山水)로, 우리 삶의 질과 관련된 요소를 제안해 주고 있다. 지리는 살아가기에 적합한 지세를 지칭하고, 생리는 기름진 토지와 소통의 원활함을 이용한 교역 용이성을 의미한다. 인심은 이웃과 관계를 포함하는 사회적 요소를, 마지막으로 산수는 우리에게 심신단련과 휴식을 제공하는 자연의 요소를 의미하고 있다. 즉, 사람에게 좋은 거주지는 자연환경적 여건과 더불어 사회적 · 경제적 요인의 상호작용이 원활한 곳을 말한다. 이러한 기준에 비추어 볼 때, 우리 국민 80%가 거주하는 도시의 환경을 살펴본다면 도시농업의 필요성을 알 수 있다.

도시농업은 악화된 도시민의 주거환경과 생활여건의 향상을 위해 도입되었다. 이것은 산업화의 영향으로 자연과 분리되고, 도시가 농촌과 분리되어 발생한 문제에 대응하기 위한 정책적 방안이었다. 콘크리트로 땅을 덮어 가며 확장되던 도시가 생존을 위협할 정도의 환경문제를 보이기 시작한 것이다. 또한 이러한 환경은 개인적 삶의 질을 저하시킴과 동시에 도시 공동체 전체에 문제를 야기하였다. 이러한 여건에서 시작된 세계의 도시농업 초기에는 원활하지 못한 식량공급과 도시 황폐화에 따른 미관상의 이유 등으로 확산되었다. 현대에 들어서는 스트레스 경감과 성취감을 주는 심리적 유익을 얻기 위해 혹은 여가 선용의 수단으로 실행되기에 이르렀다.

도시는 택리지에서 언급된 바와 같이 환경적(지리적) · 경제적 · 사회적 유익으로 인해 사람들이 모여살기 시작하면서 형성되었다. 사람들이 모인 거주지는 집적의 유익이 존재함으로써 다시 사람들을 끌어들이면서 확장되어 갔다. 모여 사는 것의 유익은 소수 사람들이 거주할 때보다, 다수의 사람이 일정한 공간에 모여 살게 되어 도로, 교통, 전기, 수도 등의 비용이 적게 든다. 이러한 요인은 인구집중을 가져왔고, 인구가 집중됨으로써 다양한 도시 문제가 나타나게 되었다. 교통혼잡과 주거 문제 등과 같은 경제적 문제와 환경오염 및 순환의 단절로 인한 생태계의 파괴를 발생시켰다. 또한 개인이 건조하고 밀집된 환경에서 생활하면서 스트레스 및 건강상의 문제를 갖게 되었다. 그리고 개인이 소외되고 고립되는 공동체 해체 등의 사회문제에 이르기까지 급속한 산업화로 인해 우리나라의 경우 빠르게 나타났다.

급진적인 도시화를 보였던 우리나라 도시문제는 선진국 혹은 개발도상국과 다른 특성을 갖고 있다. 선진국의 경우 도시화가 장기간에 걸쳐 서서히 진행되었기 때문에 그 과정에서 도시의 인구집중으로 제기되는 문제점들에 대한 대응능력을 충분히 함양하면서 도시를 발전시킬 수 있었다. 그러나 우리나라는 빠른 속도로 도시화되면서 발생한 문제들이 누적되는 데 비해, 이에 대한 대응능력을 갖출 시간적 여유를 가지기 어려웠기 때문에 각종 도시문제는 점점 더 해결하기 어려운 상황에 놓이게

〈표 6-4〉 도시농업으로 얻는 유익

도시민	농업인
• 자연과의 교감으로 인간성 충족 • 일자리 확대 • 건강증진 • 공동체 형성과 발전 촉진 • 전통문화 체험으로 애국심 및 애향심 고취	• 농가소득 증대 • 지역 외 주민과의 교류로 사회성 증대 • 직업에 대한 자부심 증대 • 친환경적 농업 경영으로 건강 증진 • 도시민의 농부 선생님으로서 리더십 발휘 • 정보기술(IT) 활용과 문화적 혜택 증가
도시	**농촌**
• 생태계 순환의 회복으로 쾌적한 환경 조성 • 오염의 자체 정화능력 향상 • 건강한 개인과 공동체로 건전한 사회 형성	• 도시와 교류를 통한 지역사회 인프라 형성 • 전통문화 계승으로 지역적 위상 고취 • 관광수입 증대로 지역경제 활성화

되었다.[5] 사회 변화의 충격을 완충하는 가치규범은 새로운 상황에 적응할 수 있도록 발전하지 못하고 정체되어 있음으로 인해 그 문제는 개인들에게 가중되게 되었다. 오랜 역사 속에서 우리는 농업을 기반으로 하는 공동체 생활의 가치관이 깊이 뿌리내리고 있었으나, 공동체 정신의 기반인 농업에서 멀리 떨어지게 되었다. 동시에 시장경제와 빠른 경제성장으로 경제적 문제가 우선시되는 사회 인식이 퍼지게 되었다.

이와 같은 복합적 상황에서 도시농업은 새로운 해답이 된다. 도시농업은 개인과 도시환경의 문제를 해결할 수 있는 방안이 되며, 농촌과의 균형 잡힌 관계 형성을 통해 풍요로운 사회로 나아갈 수 있게 한다. 개인은 생명을 양육하고 이용하는 과정에서 생명의 경이로움, 소중함을 느끼게 된다. 또한 우리가 살아가는 데 길잡이가 될 수 있는 자연의 법칙을 체득함으로써 행복한 삶을 가꾸어 나갈 수 있다. 농업을 기반으로 형성되었던 우리의 공동체 의식을 현대적 의미로 재창조하는 기회를 갖게 된다. 그리고 다양한 연령층의 조화를 경험하고 노령인구에게 희망을 줄 수 있

5) 최병대(2000). 우리나라 도시 문제의 근인과 원인. 대한지방행정공제회, 35(384), 103-111.

는 건강한 사회를 형성할 수 있게 한다. 도시환경에서 동물과 식물의 양육은 물과 공기, 자원의 순환을 이어 주며, 생명의 다양성을 복원함으로써 생태적으로 건전한 환경을 조성할 수 있게 한다. 마지막으로 도시농업은 농업과 농촌, 농업인에 대한 도시민의 인식을 바꾸어 줌으로써 농촌경제의 활성화에 기여할 수 있고, 이로 인해 식량안보를 위한 안전한 식품자급을 통해 사회적 안정성을 이루어 나아갈 수 있다.

7
도시농업 실행을 위한 몇 가지 가이드

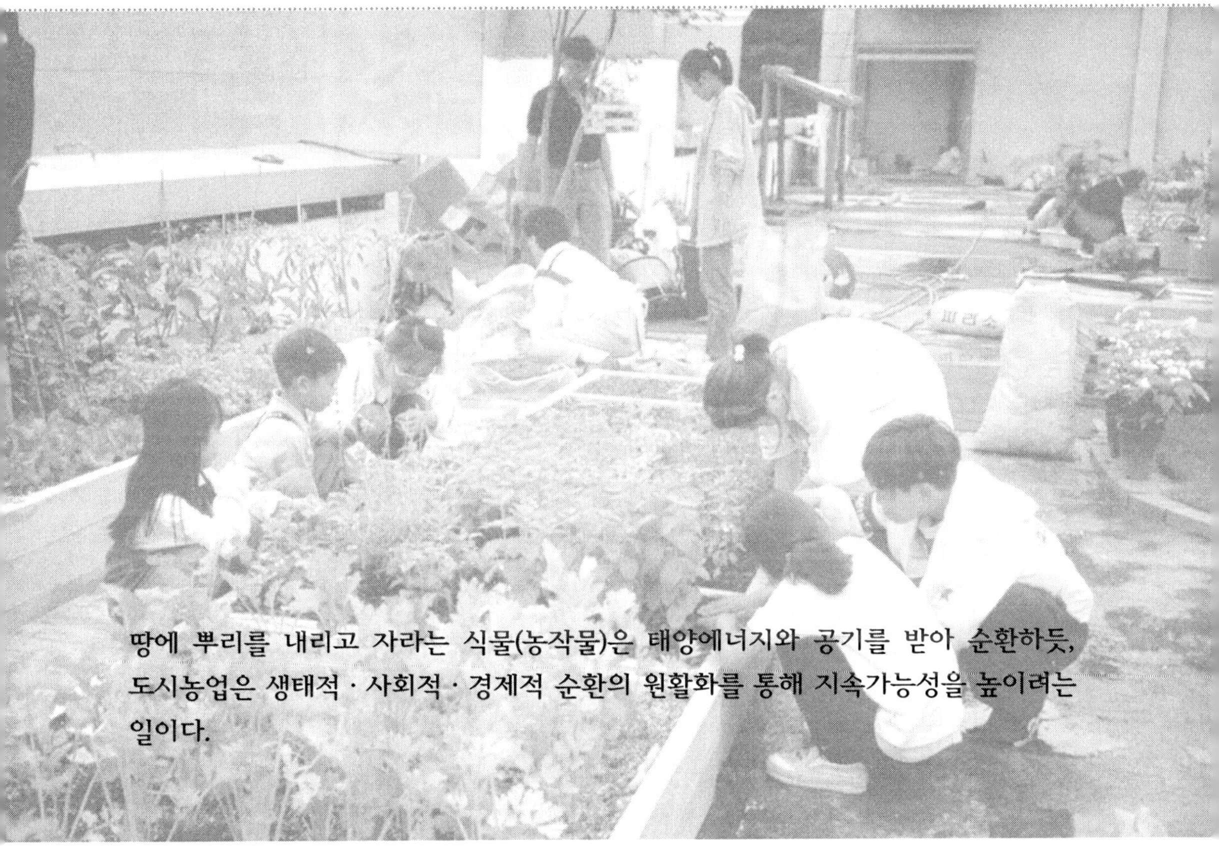

땅에 뿌리를 내리고 자라는 식물(농작물)은 태양에너지와 공기를 받아 순환하듯, 도시농업은 생태적 · 사회적 · 경제적 순환의 원활화를 통해 지속가능성을 높이려는 일이다.

- ■ 자연과 조화를 이루는 지속가능한 농업
- ■ 농업활동 실천 규모에 따른 효과의 범위

7 도시농업 실행을 위한 몇 가지 가이드

도시농업은 개인의 즐거움과 보람에서 출발한다. 나아가 도시환경을 개선하고, 지구 전체에 영향을 미치는 환경문제를 해결하는 데 우리들에게 어려움과 힘든 것을 요구하지 않는다. 또한 우리 농업과 농촌을 살리고 경제적인 지속가능성을 위해 도시민이 일방적으로 지불해야 할 대가가 필요하지 않다. 따라서 각 개인의 행복과 편안함, 희망을 찾아가는 생활을 통해 함께 발전하는 사회, 지속가능한 사회가 형성되어 갈 수 있다.

사진: 빌라 앞 작은 정원
작은 자투리 땅도 찾아볼 수 없는 주택가 빌라에서도 도시농업이 진행되고 있다. 각종 폐품과 용기들을 이용해 채소와 꽃, 나무를 기르는 이 작은 정원을 통해 우리 생활에서 적용할 수 있는 도시농업 형태의 다양성을 알 수 있다.

자연과 조화를 이루는 지속가능한 농업

도시농업은 지속가능한 농업의 형태로 이루어져야 한다. 도시농업이 지향하려는 방향은 생태적 · 사회적 · 경제적 지속가능성이다. 생태적 적합성을 고려한 농업을 통해 건강한 환경으로 개선시켜야 하며, 사회 구성원이 즐겁게 공유할 수 있는 여가로서 농업이 실현되어야 한다. 또한 경제적으로 유익이 있으며, 지역적 경제 균형에 기여할 수 있는 방안으로서 농업이 실행되어야 한다. 그러기 위해선 실행에서 갖추어야 할 몇 가지 고려사항이 있다. 생태적으로 순환을 고려한 폐열 사용 및 쓰레기 활용, 빗물 관리에 기여하는가를 생각해야 할 것이다. 사회적으로 개인의 건강을 위한 식품 및 식물의 안전성과 건강 기여도, 사회적 참여 촉진 등의 요건을 갖추어야 한다. 경제적인 측면에서는 장기적인 유지 비용 및 식량자급 기여도, 직업 및 여가창출 정도를 고려해야 할 것이다.

〈표 7-1〉 도시농업 실행계획에 고려해야 할 항목

분야 / 내용	가정 (베란다 텃밭)	학교정원	공동체정원	옥상정원	근교의 도시민 농장
건축물 지역 관계	• 아파트 건물하중 고려	• 학교 운동장/도보 공간 고려	• 주변 지역과의 조화	• 건축물의 하중 • 동식물/물의 사용으로 인한 건물 피해 • 옥상 배수 시스템 확보 생산성	• 지역 내 전문 농가와의 협력
생산성	• 가정 식단을 위한 생산량	• 학생들의 생산물 수확 경험을 위한 생산량	• 공동체 정원가들을 위한 공동 생산량	• 작물의 시각적 재배 경험을 충족시키기 위한 생산량	• 참여자의 수확과 판매를 위한 생산량
공간 활용	• 가족 간의 휴식	• 학생들 간의 대화 및 교류 • 효율적인 학습 장소	• 이웃 간의 교류 • 휴식과 운동 • 공동 재배지	• 휴식과 운동 • 좋은 전망의 제공 • 채소와 꽃의 재배	• 생산과 학습공간 • 농어민과의 교류 • 이웃 간의 교류 • 휴식과 운동
생물종의 다양성	• 토양 내 유기물의 다양성 • 식재 식물의 다양성 확보	• 토양 내 유기물의 다양성 • 해충과 천적의 확보 • 식재 식물의 다양성 확보 • 교과서 식물 경험	• 토양 내 유기물의 다양성 • 해충과 천적의 확보 • 지표종의 다양성 확보	• 토양 내 유기물의 다양성 • 해충과 천적의 확보 • 식재 식물의 다양성 확보 • 차광 및 휴식을 위한 기능성 식물	• 토양 내 유기물의 다양성 • 해충과 천적의 확보 • 식재 식물의 다양성 확보 • 다양한 생산물을 위한 작물 선정 • 고난도의 식물 재배 경험
생태적 순환 시스템	• 가정 음식물 쓰레기의 퇴비화	• 학교 음식물 쓰레기의 퇴비화 및 재활용 교육 기회 • 빗물을 이용한 물의 순환 시스템	• 공동체의 음식물 쓰레기 퇴비화 • 빗물을 이용한 물의 순환 시스템	• 건물 내 음식물 쓰레기의 퇴비화 • 빗물을 이용한 물의 순환 시스템	• 지역 음식물 쓰레기의 퇴비화 • 빗물을 이용한 물의 순환 시스템 및 정화시설

1980년대 초반까지 제주도에서는 각 가정이 재래식 화장실에 돼지를 키웠다. 돼지 화장실은 우리 조상들의 지혜가 담긴 지속가능한 농업의 모습이었다. 사람이 식품을 섭취한 후 버리는 음식물 쓰레기와 인변이 돼지의 먹이로 사용되고, 돼지의 대소변은 농업 부산물인 짚과 섞여 발효퇴비를 만들었다. 그 퇴비로 식물과 토양에 다시 이용되었고, 성장한 돼지는 관혼상제 때 음식으로 활용하였다. 이는 자연과 조화를 이루어 순환을 고려한 방안이었다. 즉, 생태계와 조화를 이룸으로써 자연의 재생산과정을 유지하고 환경을 보전하여 장기적인 생산성과 수익성을 확보하려는 농업체계였다.

생태계에는 원칙이 있다. 해가 동쪽에서 떠서 서쪽으로 지는 하루의 흐름에 맞추어 우리가 살아가듯이, 생태계를 구성하는 모든 생명체가 살아가는 데는 일정한 원칙이 적용된다. 이 원칙은 지속가능한 농업을 실천하기에 앞서 우리가 알아야 될 사항이다. 우리가 지향하려는 농업의 형태가 궁극적으로 생태계의 원칙에 적합한 형태로 이루어져야 하기 때문이다. 자연과의 연결이 희미해진 삶을 살아가는 도시민이 농업을 통해

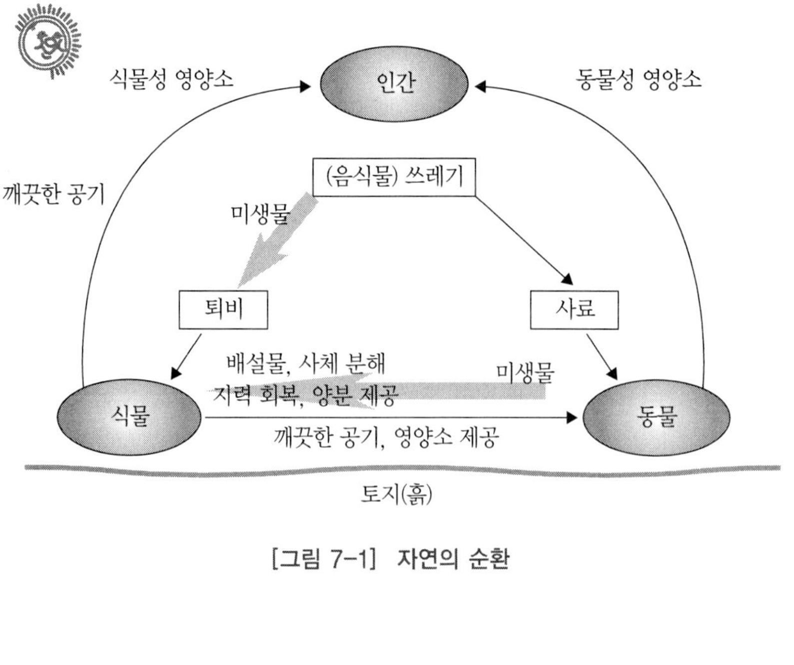

[그림 7-1] 자연의 순환

얻을 수 있는 생명의 원칙이 될 수 있다. 이 생태계의 원칙들은 비단 농업의 실행에서 식물을 양육하고 동물을 키우는 것에 적용될 뿐만 아니라, 우리 사회와 경제에도 적용되어야 할 원칙이다. 우리가 현재 발견할 수 있는 생태계의 원칙은 여섯 가지로, 네트워크, 순환, 태양에너지, 파트너십, 다양성, 역동적 균형이다.[1)]

① 네트워크: 독립적으로 존재하는 것으로만 보이는 모든 생명계는 서로 연결되어 있으며 자원을 주고받는 공유관계에 있다.

② 순환: 네트워크로 연결된 모든 생명계는 주변의 환경에서 물질과 에너지를 공급받고 끊임없이 쓰레기를 배출한다. 그 쓰레기는 또 다른 생명계의 식량이 되는 네크워크의 연결을 통해 순환한다.

③ 태양에너지: 식물은 광합성을 통해 다른 생명계에 화학적 에너지 형태로 변환되는 순환 촉진 역할을 담당한다.

④ 파트너십: 이용(利用)을 넘어 상생(相生)의 관계로 네트워크로 연결된 모든 생명계는 영양을 주고받으며 서로에게 보금자리를 제공하는 관계로 지구에 살고 있다.

⑤ 다양성: 상생의 생명계에 안정성과 회복력을 결정짓는 요인이 다양성이다. 다양성이 증가할수록 생태계가 상처에서 치유되는 회복력은 더욱 증가하게 된다.

⑥ 역동적 균형: 식물이 계절의 흐름에 따라 그 모습을 변화시키며 생명을 안정적으로 유지시키는 모습과 같이, 생태계는 변화를 통해 최적의 가치를 향해 지속된다.

현대에 이르러 농업은 생태계의 원칙과는 다르게 생산성 향상을 지향하며 발전했다. 현대적 기술에 의한 농업은 자연환경에서 의존을 최소화

1) Capra, F. (1999). *The Challenge for education in the next Century.* Liverpool Schumacher Lectures.

하면서도 높은 생산성을 올리는 데 초점을 맞추어 왔다. 산업화 이후부터 지금까지 농업은 자연생태계의 질서와 용량을 고려하지 않은 기술이 적용되었다. 근래에 들어 현재의 생산성이 미래에도 계속될 수 있을지에 대해 큰 의문이 제기되기 시작하였다.

도시농업은 자연의 순환과정을 고려한 지속가능한 농업으로 이루어져야 한다. 생태계의 원칙에 입각하여 자연과 조화를 이루며 농약이 없는 지속가능한 농업은 오랜 시간을 유지해 온 재래농업과 현대의 발달된 지식, 그리고 기술력이 결합되어 실천될 수 있다. 따라서 도시에서의 농업은 자연이 보여 주는 원칙을 현대적으로 적용하는 방안을 마련해 나아가야 할 것이다. 이는 농촌환경과는 다른 특징을 지니며, 자연과 다른 환경조건을 지닌 도시에서 이루어지기 때문이다.

농업활용 실천 규모에 따른 효과의 범위

도시농업은 규모에 따라 다양하게 실행될 수 있으며, 각각의 크기에 따라 생태적 · 경제적 · 사회적 유익은 달라진다. 가정에서 이루어지는 작은 규모에서 아파트 주민들이 함께하는 공동체정원, 지역적인 규모로 이루어지는 도시농장이 있다. 예를 들어, 가정 내 베란다에서 실행되는 도시농업은 실내 공기를 쾌적하게 해 준다. 아파트 단지의 공터에서 주민들이 함께하는 도시농업은 외부공간을 쾌적하게 만들어 준다. 그리고 지역적인 규모로 이루어지는 도시농장은 지역사회의 허파가 되어, 지역민들에게 신선한 공기를 맛볼 수 있는 장소를 제공할 것이다.

〈표 7-2〉 도시농업 적용 규모에 따른 생태적 유익

가정	공동체	도시민농장
• 음식물 쓰레기의 가정 퇴비화	• 토양 쓰레기, 지역 음식물 쓰레기 퇴비화	• 토양 쓰레기, 지역 음식물 쓰레기 퇴비화
• 빗물통에 빗물의 수집과 이용	• 빗물통에 빗물의 수집과 이용	• 빗물통에 빗물 수집과 이용
• 가정 내 빗물 관리를 통한 물의 순환 회복	• 지역 내 빗물 관리를 통한 물의 순환 회복	• 시 단위 빗물 관리를 통한 물의 순환 회복
• 실내, 좁은 범위의 공기 질 개선에 기여	• 지역의 공기 질 개선에 기여	• 지구적 공기 질 개선에 기여
• 같은 종 내 생물다양성 체험	• 다른 종 간의 생물 다양성 체험	• 모든 종의 생물 다양성 체험
• 작은 동물 기르기	• 작은 동물 기르기	• 작거나 중간 크기의 동물 기르기

〈표 7-3〉 도시농업 적용 규모에 따른 경제적 유익

가정	공동체	도시민농장
• 개인, 가족의 식량 자급	• 지역사회의 식량자급	• 국가 차원의 식량자급
• 유지를 위한 노력이 적게 요구됨.	• 유지를 위한 소수의 노력 투입이 요구됨	• 유지를 위한 다수의 노력 투입이 요구됨
• 휴식과 여가선용	• 여가선용 및 부수적 직업 역할 담당	• 여가선용 및 고용창출의 효과
• 가정을 기반으로 한 식품가공		• 협동조합의 식품 생산자
• 가정채소 직접 생산	• 공동체 식품 재배 시설 • 공동체 시장 개설	• 상업적 원예, 수경재배, 비즈니스 과정
• 직접 가정배달	• 농민 시장	• 직업적 농민
• 식품 판매 모임	• 내 가족, 공동체를 위한 생산 수입, 판매 잉여	• 내 가족, 공동체를 위한 생산 수입, 판매 잉여
• 부동산 가치 증가에 약간 기여	• 부동산 가치 증가에 기여	• 부동산 가치 증가에 크게 기여

〈표 7-4〉 도시농업 적용 규모에 따른 사회적 유익

가정	공동체	도시민농장
• 가족 내 상호작용 촉진	• 지역 공동체 내의 상호작용 촉진	• 큰 규모의 네트워크화된 공동체의 상호작용 촉진
• 정원 콘테스트 개최	• 정원 콘테스트 개최	• 정원 콘테스트 개최
• 가족의 건강한 식단 제공	• 지역 주민의 건강한 식단 제공	• 참여 구성원의 건강한 식단 제공
• 소규모의 생태 교육기회 제공	• 지역적 생태교육 기회 제공	• 지구적 생태교육 기회 제공
• 작물, 정원관리 정보 교류	• 공동체 정원 참여자와 지역 관리자 간 교류	• 도시농업센터 활성화
• 가족 레크리에이션 기회 제공	• 지역 주민 레크리에이션 기회 제공	• 참여 구성원의 레크리에이션 기회 제공

8
도심에서 실천하는 농업

도시농업은 건강을 잃어 약을 처방받고 수술비를 내는 치료적 처방이 아니다. 얼굴빛과 미세한 증상만 보고도 저렴하게 건강을 회복할 수 있는 예방적 처방을 하는 것이다.

- 옥상정원
- 실내 공간 농업
- 학교정원
- 공동체정원
- 원예치료–치료 및 재활공간
- 도시민 농장
- 동물 키우기

8 도심에서 실천하는 농업

옥상정원

옥상정원은 도시민들에게 빌딩 숲으로 둘러싸인 도심 속의 오아시스가 되어 준다. 도심의 회색빛 환경은 스트레스와 메마른 정서를 불러일으킨다. 그 속에서 녹색을 담고 있는 옥상정원이 조성될 경우 개인들에게 휴식공간으로 활용될 수 있다. 사람들은 녹색의 식물들을 바라보기만 해도 스트레스가 경감되는 느낌을 갖는다. 또한 사용하지 않는 공간이 되기 쉬운 옥상이 아늑함과 생동감을 느끼는 공간으로 변화하게 된다.

우리나라 대도시의 팽창과 더불어 녹지는 서서히 줄어들고 도심에서 건물이 차지하는 면적은 점차 늘어가고 있다. 1980년대 초에 이러한 도시미관을 복구하고자 옥상녹화의 필요성을 주장하는 목소리가 커졌고 몇몇 빌딩에서 시행하였다. 그러나 옥상정원의 유용성에 대한 이해 부족과 관리의 어려움으로 유명무실해졌다. 최근 도시녹지가 도시환경에 기여하는 역할에 대한 인식이 높아짐에 따라 다시 도입되는 추세다.

땅을 밟기 어려운 요즘의 도시 속에서 이러한 옥상정원은 수직적인 공간 이용이 요구되는 시대에 적절한 정원양식의 하나이며, 도시농업 실행의 대표적인 예가 된다. 도시지역의 옥상 환경은 삭막한 재료의 콘크리트 포장재, 옥탑, 물탱크, 기계실 등 설비관계의 여러 시설이 모여 있어 좋지 못한 경관을 형성하고 있다. 이러한 공간에 식물을 심고 사람들이 즐길 수 있는 공간으로 사용한다면, 다음과 같은 다양한 효과를 얻을 수 있다.

사진: 일본 동경 시내에 위치한 빌딩의 옥상정원
녹지로 조성할 수 있는 공간이 부족한 도시에서 옥상은 유용하게 이용할 수 있는 공간이다. 건물 내구성을 증가시키며, 온도를 조절하여 냉 · 난방비 절감 등의 유익을 보이는 옥상정원은 도시민들에게 색다른 휴식처가 될 수 있다.

첫째, 에너지절약의 효과다. 식물을 심지 않은 기존의 지붕에 비해 옥상정원을 설치한 지붕은 열전도율이 낮다. 따라서 외부의 온도가 전달되는 데 지연효과를 얻게 된다. 급격히 변화하는 도시의 외부 기온에 서서히 반응하므로 건물의 에너지 절약에 상당한 효과를 가져온다.

둘째, 지구의 온난화 해결에 기여한다. 도시가 콘크리트로 덮이면서 열섬현상을 야기하고, 냉 · 난방비를 상승시킨 결과 지구온난화를 가속화시키고 있다. 여기에 옥상정원은 지붕 온도상승을 억제하여 냉 · 난방의 감소와 공기의 정화를 담당한다.

셋째, 도시의 습도 유지에 기여한다. 도시는 자연스러운 물의 순환을 촉진하여 대기 중의 습도를 조절하는 식물이 부족하다. 따라서 건조화되어 가는 도시에 옥상정원은 적정 습도를 유지하는 효과를 지니고 있으며, 온도조절에 영향을 미친다.

넷째, 신선한 공기 공급 및 도시 경관의 미화에 기여한다. 식물은 이산화탄소를 흡수하고 산소를 배출하며, 오염물질을 제거하는 공기 정화의 기능을 담당한다. 또한 녹색의 잎과 꽃을 제공함으로써 아름답고 쾌적한 도시경관 미화에 기여한다.

다섯째, 건물 내구성의 증가에 기여한다. 잔디 류의 식물을 심은 지붕은 그렇지 않은 지붕보다 세 배의 내구성을 보인다. 이는 온도 변화에 민감하게 반응하는 콘크리트가 수축과 팽창을 반복하며 균열이 생기는데, 이를 완화시켜주는 역할을 하기 때문이다.

■도심 오아시스' 옥상정원 늘리자

옥상정원은 '시멘트 사막'으로 변한 현대 도시의 오아시스입니다. 빌딩숲에 파묻혀 시들어 가는 도시 생태계에 생명력을 선사하고, 여름철 도시의 '열섬 현상'을 완화시켜줍니다. 그뿐만 아니라 단열기능을 발휘, 냉난방 에너지를 절감시키는 경제적인 효과를 안겨 주기도 합니다.

덕수궁 옆 서울시청 서소문별관의 옥상정원이 문을 열었다는 소식을 듣고 반가운 마음에 찾아갔습니다. 몇 해 전 명동에 있는 유네스코회관 건물에 '작은 누리'라는 옥상정원이 처음 생겼을 때 이따금 들른 적이 있었기에 공중에서 만나는 자연과 그 오밀조밀한 조경의 매력을 잊지 못해서입니다. '초록뜰'이라는 예쁜 이름이 붙은 시청별관의 옥상정원은 3층 건물인 제3동 위에 꾸며져 있었습니다.

100평이 조금 안 되지만 정원으로선 알맞다 싶은 넓이의 '초록뜰'엔 현재 초본(草本)과 목본(木本)을 합해 100종의 식물들이 어울려 살고 있습니다. 재미있는 것은 정원을 조성하면서 직접 식재한 종류보다 나중에 바람을 타고 날아온 씨앗들이 뿌리를 내려 정착한 종류가 더 많다는 것입니다.

옥상정원을 맡아 돌보는 서울시 조경과 관리자의 말에 따르면 지난 2000년 처음 정원을 꾸밀 때 심은 매발톱, 독일붓꽃 등 43종의 화훼류 외에 지금은 달맞이꽃, 개망초, 고들빼기에 가죽나무, 단풍나무까지 57종의 '새 식구'가 더 생겼다고 합니다. 그러고 보면 옥상정원은 공중을 떠다니는 '생태계의 배가본드(無宿者)'들의 좋은 안식처가 되기도 한다는 생각입니다.

'초록뜰 가족' 가운데엔 동물들도 있습니다. 까치, 참새 등 서너 종류의 새가 찾아오고 꽃등애, 무당벌레, 장수말벌 등 30여 종의 곤충들을 관찰할 수 있으니까요. 녹색환경을 그리워하는 동식물들에게 옥상정원은 아쉬운 대로 좋은 쉼터와 삶터가 되고 있음을 알 수 있습니다.

한 평의 녹지공간이 아쉬운 도심의 경우 옥상정원은 좋은 대안이 될 것입니다. 독일은 이 방면의 선진국입니다. 일찍부터 옥상정원의 가치와 효용성에 눈을 돌려 옥상정원 조성을 의무화하는 제도를 시행해 오고 있습니다. 일본 도쿄(東京都)의 경우에도 1990년대 들어 모든 빌딩 옥상에 일정 면적의 정원을 확보하도록 규정한 조례를 만들었습니다.

현재 서울의 경우 녹화가 가능한 건물 옥상의 면적을 모두 합치면 200

~250km^{2}에 이른다고 합니다. 서울시도 2002년부터 지원사업에 나서 지금까지 모두 30곳의 옥상정원을 탄생시켰습니다. 그중 대표적인 곳이 앞에서 말한 유네스코회관 12층의 옥상정원입니다.

190여 평에 이르는 이 공중정원엔 생태연못까지 갖춰 송사리 같은 물고기와 소금쟁이 같은 수생곤충, 또 갯버들과 부들 등 도심에서는 보기 힘든 수생식물들이 자라고 있습니다. 최근엔 대학 캠퍼스에도 옥상정원이 선보여 고려대 법학관과 100주년기념관 위에 녹색공간이 꾸며졌습니다.

서울을 찾은 외국인들이 고층 호텔 객실에서 커튼을 젖히고 서울의 지붕들을 내려다보았을 때 과연 어떤 느낌일까요? 해외의 어떤 학자가 OECD가입 자격을 따질 때 그 나라의 건물 옥상 상태를 보고 판단하면 효과적이라고 한 말이 언뜻 떠올라서입니다.

(국정브리핑 2005. 5. 30)

옥상정원을 실행하기 위해서는 몇 가지 사항에 대한 검토가 필요하다. 우선 설계에서 땅이 아닌, 인공적인 바닥에서 실행하기 때문에 타 분야의 전문가와 기술적 검토가 필요하다. 옥상정원의 계획 시에는 다음과 같이 건물 하중, 주변 건물과의 조화, 이용 측면을 고려하여 계획해야 한다. 지반의 구조 및 강도가 흙과 수목, 옥외 조각물을 견딜 수 있어야 하고, 구조체에 따라 하중의 위치와 구조골격을 검토해야 하며 하중을 줄이기 위한 방법이 강구되어야 한다. 또한 식물의 생육을 위해 필요한 물 관리를 위해 바닥면의 방수와 배수설계도 고려해야 한다. 옥상은 바람이 강하고 일교차가 크며 미기상의 변화가 심한 특징을 가지므로, 식물의 선정과 부재료의 선택에도 바람, 온도, 수분, 공기오염도 등을 고려해서 선택해야 한다.

〈표 8-1〉 옥상정원의 사회적 · 생태적 · 경제적 유익 및 고려사항

	유익	고려할 점
사회적	• 사회적 교류/ 만남의 공간 제공 • 도시 내 눈길을 끄는 환경으로의 전망 제공 • 배움의 기회 창출 • 수동적인 레크리에이션의 기회 제공 • 가까이 있는 옥상정원에서 내려다보는 전망의 제공	• 도시 거주자의 교육이 필요함. • 교육된 건물관리 회사 필요 • 원래의 모습을 감싸는 재건축의 관심사가 옥상정원으로 변화 가능
생태적	• 거주자의 집 근처에서의 기분전환과 먼 거리의 여행이 줄어듦 • 생물종의 다양성 제공 • 저장한 빗물을 이용 • 태양열 흡수 능력 증가 • 도시 열섬현상 감소 • 유기물질의 퇴비화를 통하여 고체 쓰레기에서 에너지 효율 감소와 야생 생물의 서식지 증가	• 여름철 관개수 수요 증가
경제적	• 경제적으로 식품 비용 절약 • 옥상의 수명 증가 • 상업적 재배자로 세금을 면제해 줌으로써 잠재적인 수입 창출이 가능 • 공공 옥상정원 지역이 필수 공공지역의 부분이 될 수 있음.	• 다목적의 효과가 제공되지 않을 가능성 • 직업 창출의 기회를 얻지 못할 가능성 • 건축비용의 증가 • 건물관리 비용의 증가
기타	• 가장 효과적으로 변환할 수 있는 도시농업 전략 • 비교적 쉽게 다른 용도로 변환 가능	• 건축허가의 문제점 • 새로운 시도로 약간의 반대를 접함.

사진: 일본 백화점 옥상을 활용한 정원과 이벤트 장소
넓은 옥상이 있는 백화점의 경우, 정원을 꾸미고 각종 이벤트 장소로 활용하여 지역 주민이 쉽게 방문하여 휴식을 즐길 수 있는 공간으로 제공할 수 있다.

실내 공간 농업

가정

가정은 양육이 이루어지는 따뜻하고 아늑한 곳이다. 여기에 한 포기의 꽃과 풀 그리고 나무가 어우러질 때, 우리의 미래 세대들은 자연과 함께 희망을 품고 자라날 수 있게 된다. 또한 가정에서 식물과 동물이 함께 어우러져 살아가는 모습이 확대되어 사회에 적용될 때 우리 사회는 보다 건강하게 지속가능한 사회로 나아갈 수 있을 것이다. 자연은 우리에게 양육의 의미를 일깨우며, 삶의 보람을 알려 주기 때문이다. 그 속에서 가정의 화목을 증진시킬 수 있다.

인간관계의 시작은 대화에 있다. 현대의 많은 가정은 의사소통에 어려움을 겪으며, 특히 자녀들과의 교감에 문제를 느끼는 가정이 많다. 여기에 도시농업은 새로운 대화와 교감을 나눌 수 있는 매개체가 된다.

2. 밭에서 발견한 자연법칙

① 가족과의 관계에 주는 의미는 무엇입니까? (예를 들어 설명해 보세요.)

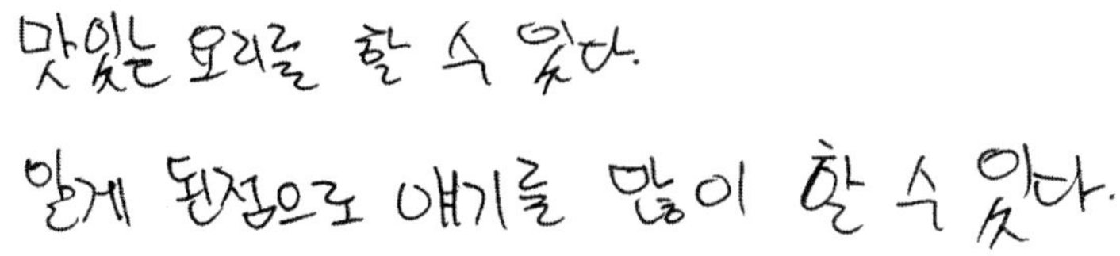

사진: 중학교 1학년 학생들이 대답한 농경활동이 가족에게 주는 영향
가정에서 자녀와 함께하는 도시농업은 자연스러운 대화를 유도하며, 함께할 수 있는 다양한 활동을 제공하여 가족 간의 화목에 기여한다.

또한 가정에서의 도시농업은 개인의 심리적 만족감과 가정의 화목을 증진시킴과 동시에 경제적 · 생태적으로 도움을 제공한다. 신선한 식품을 자급할 수 있는 기회를 제공하며, 가족의 영양상태 개선에 기여한다. 또한 집안의 미세먼지 및 새집 증후군 유발 물질을 제거하며, 습도를 조절하여 쾌적한 실내환경 조성에 기여한다. 생태적으로 음식물 쓰레기를 활용하는 기회를 제공하며, 빗물의 활용 등 자연의 순환과정에 기여할 수 있다.

* 일시 : 2005. 4. 29. 18시 17분

* 제목 : 가족들의 생각

* 내용 :

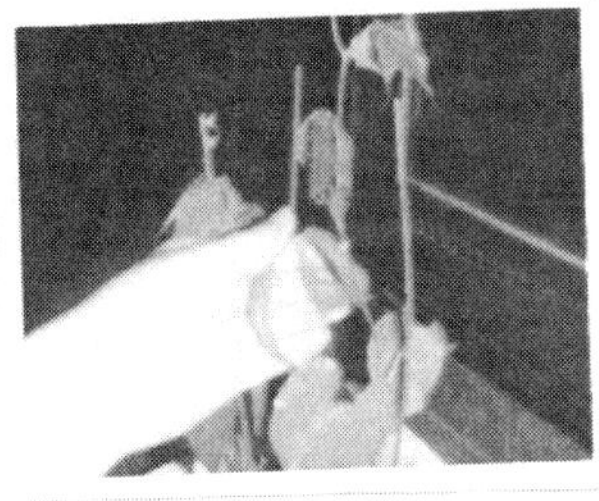

중간고사도 끝나고 오랜만에 온 가족이 모여서 저녁을 먹게 되었다.
자연스럽게 우리 지성이와 경환이 이야기가 나왔다. 이 강낭콩들은 나 혼자 키운 것이 아니라 우리 가족이 키운 것이라고 할 수 있다.
아빠랑 엄마가 아침마다 산에 가시는데 화분 분갈이할 때 상자며, 흙이며 다 구해 주셨고 동생도 관찰을 위해서 재료 구입하러 갈 때 지지대할 만한 막대도 구해 주고... 정말 모두의 관심이 이만저만이 아니다.
얼른 꽃도 피고 열매도 맺어야 할 텐데.
우리 아빠는 대학교에서도 이런 수업이 있는지 나를 통해 아셨다고 한다.
엄마는 내가 지성이·경환이에게 이야기할 때 '재가 왜 혼자 떠드나' 하는 생각에 많이 웃으셨다고 하고, 동생은 내가 콩을 키우는 것 자체가 신기하다나?!
아무튼 너무너무 행복한 우리 가족. 지성이. 경환이다.
(지성이 키 : 54 cm 경환이 키 : 43.8 cm)

사진: 대학교 2학년 학생이 작성한 강낭콩 관찰일지
하나의 강낭콩 화분으로 가족 간의 대화는 증가하며, 함께 경험을 공유하고 가족 간에 배려를 표현할 수 있는 좋은 매개체가 된다.

〈표 8-2〉 가정 실내정원의 사회적 · 생태적 · 경제적 유익 및 고려사항

	유익	고려할 점
사회적	• 가족 간, 이웃과의 의사소통 및 상호작용 촉진 • 미적인 다양성과 경험의 증진 • 배움의 기회 창출 • 건강증진 • 재배자에게 신선한 음식 제공 • 가족이 함께하는 레크리에이션 기회 제공	• 도시 거주자에게 교육이 필요함 • 대략적이고 섬세한 대조가 인정되지 않을 수 있음
생태적	• 사계절 흥미 제공 • 생산물에 의한 고체 쓰레기의 이용 • 물을 흡수하는 토양 표면의 증진 • 생물종의 다양성 증가 • 지하수에 영향을 주지 않음 • 저장된 빗물을 이용할 수 있음	• 나쁜 서식 환경이 관리될 수 있음 • 관개수 수요가 여름에 증가
경제적	• 경제적으로 식품비용을 줄일 수 있음 • 경제적인 조경건축 비용	• 다각적인 효과가 제공되지 않을 수 있음
기타	• 시도되고 검증된 도시농업의 접근	• 혁신적이지 못함, 연구와 교육의 기회가 부족함

실내에서 도시농업을 실천하기 위해서 고려할 가장 첫 번째 사항은 기본 환경특성이다. 현대 도시민의 가장 많은 주거 형태인 아파트를 기준으로 실내는 실외공간에 비해 빛의 제약이 있으며, 온도 및 습도의 특성을 갖고 있다. 또한 임의적인 통풍이 필요한 것 등의 특성을 고려한 실천이 필요하다. 식물을 선택할 때에는 각 식물의 이상적인 성장환경과 식물을 배치할 공간의 특성을 함께 고려해야 한다. 베란다 혹은 안방이나 거실 등의 실내 공간에서 도시농업을 활용하기 위해서 고려해야 할 사항은 실내에서의 부족한 광원을 보충하기 위한 인공광의 고려와 베란다에서 가능한 계절별 식물 종의 선택이다. 또한 무리한 부자재 사용은 건물 하중에 부담을 주는 역효과를 가져올 수 있다. 부자재 선정에서는 실용

사진: 가정 내의 실내 정원
가정에서 꾸미는 실내 정원은 별도의 시설 설치 없이도 쉽게 조성할 수 있다. 무리한 부자재(화단, 자갈 등) 사용은 오히려 건물 하중에 부담을 줄 수 있다. 가족이 선호하는 식물을 중심으로 화분을 조금씩 늘리면, 관리의 부담을 줄일 수 있다.

성과 무게를 고려함과 동시에 오염물질 배출 여부를 따져 봐야 한다.

가정의 베란다 정원에서는 가족의 필요에 따라 여러 기능을 갖는 정원을 선택하여 활용할 수 있다. 개인의 선호도와 자녀의 연령, 특정 식물에 대한 신체반응(알레르기, 천식), 규모 등을 고려한 테마정원 조성은 가족 구성원의 만족도를 높일 것이다. 더불어 장식적 의미와 활용을 고려한 테마 정원 조성은 더 많은 유익을 가져다준다. 예를 들어, 감각 정원의 경우, 오감을 만족시키는 식물 구성 및 배치를 통해 아동들의 감각 발달을 촉진할 수 있으며, 맑은 공기 정원은 실내 공기를 정화시키는 식물을 주요 구성으로 하여 쾌적한 실내환경 조성에 기여할 것이다.

〈표 8-3〉 실내 공간별 기본환경 특성

생활공간	환경요인별 특성				
	온 도	습도	광 선	통 풍	기타(먼지, VOC 등)
베란다	★★	★	★★★★	★	★★
거 실	★★★★★	★★★★	★★	★★	★★
부 엌	★★★★	★★★★	★★	★★	★★
안 방	★★★★★	★★★★	★★	★★	★★★
화장실	★★★★★	★★★★★	★	★★	★★★

〈표 8-4〉 가정에서 활용 가능한 테마 베란다 정원

정원의 특징	특성에 따른 베란다 정원의 특징
감각 정원	아이들의 발달 단계를 돕는 오감(시각, 청각, 후각, 미각, 촉각)을 자극할 수 있는 정원: 허브, 다양한 모양과 색의 식물, 물의 흐름을 이용한 소리, 식충식물, 채소의 활용
맑은 공기 정원	공기정화 기능이 있는 관엽식물류의 식재
장식 정원	편안함과 아름다움을 줄 수 있는 심리적인 기능을 충족시키는 정원
재배 정원	아파트 베란다에서 가능한 채소/꽃 식물을 기를 수 있는 공간 활용
야생화 정원	자생식물의 베란다 적응 환경(생육한 적합한 광선, 온도, 습도)과 자생화의 생육 습성에 따른 화단 식재/야생화 분경
휴식 정원	식물이 있는 거실로 휴식과 대화의 공간 마련

도시농업에서 가장 중요한 공간인 실내에서의 식물 자람세를 분류했다. 지금까지 식물은 식물 중심적인 학문 시험연구 결과가 전부라고 해도 과언이 아니다. 식물에게 물은 얼마나 주어야 잘 자라고, 빛은 호광성인지 혐광성인지, 산도는 알칼리성인지, 중성인지, 산성토양에서 잘 자라는지, 비료는 어떤 무기 성분을 좋아하는지 등 모두가 식물이 어떻게 하면 잘 자라고, 꽃이 잘 피며, 열매가 많이 달릴 것인가에 대한 시험연구였다. 그러나 도시농업에서 식물은 인간 중심에서 식물을 판단하고 관리

할 필요가 있다. 부부가 모두 직장생활을 해야 하는 현대사회에서 식물을 가꾸는 데 전문적인 지식을 배울 기회도 별로 없었고, 지식이 필요해도 배울 여건이 되지 못하고 있다.

아파트 베란다와 교실, 사무실 등 실내에서 식물을 키울 때 식물에 대한 전문 지식이 없고, 주기적인 관리를 하지 않아도 생명력을 유지하고 잘 자라는 식물 분류는 중요한 일이다. 실내에서 식물 자람세 분류는 아파트 베란다에서 3년간 키우면서 식물과 농업 관련 비전문가 관리하면

〈표 8-5〉 실내 식물의 특성별 분류 및 식물명

분류	식물명
실내에서 잘 자라는 식물	안스리움, 프리뮬라(오브카니카), 천손초(화호접), 옥살리스, 네펜데스, 꽃기린, 엽란, 만년청 러브체인, 스킨답서스, 드라세라, 파키라, 관음죽, 테코라인도고무나무, 벤자민고무나무, 스파티필름, 해마리아, 산세베리아, 엽베고니아, 춘란, 심비디움, 팔레놉시스, 석곡, 덴드로비움, 소엽풍란, 대엽풍란, 칼랑코에, 아마릴리스, 군자란, 자금우, 산호수, 네펜데스, 벌레잡이제비꽃, 무늬둥글레, 게발선인장, 파피오펠디럼, 아에오니움, 타키투스, 드라세나(와네키, 레인보우, 송오브인디아, 산데리아나, 콘시나), 보스톤고사리, 몬스테라, 유포르비아 트리고나, 루모라고사리, 갯패랭이, 익소라, 푸미라, 아라우카리아, 아스파라거스, 아글레오마, 접란, 테이블야자, 켄자야자 개운죽, 아이비, 페페로미아, 싱고니움, 율마(골드크러스티), 피로덴드론, 셀륨, 옥잠화, 비비추, 둥굴레, 몬스테라, 크라슐라, 구즈마니아, 제브리나, 기누라, 필루덴드론, 알로카시아, 접란, 독구리난, 바위취, 곰취, 인삼벤자민, 레브체인, 아라우카리아, 닭의장풀, 문주란, 우산나물, 금식나무, 휘토니아, 제라니움, 다육식물 등
실내에서 깍지 벌레가 많은 식물	브론페시아, 후크시아, 아데니움(사막 장미), 아레카야자, 디펜바키아, 하와이무궁화, 포인세티아, 아펠란드라, 레몬나무, 동백, 꽃치자 등
실내에서 응애가 많은 식물	미니 장미, 크라슐라, 벤자민고무나무, 철쭉류, 목화, 강낭콩, 진백 등
실내에서 진딧물이 많은 식물	고추, 꽃고추, 부겐벨리아, 무궁화, 해당화, 매화, 앵두 등
실내에서 생육이 너무 좋아 균형이 없는 식물	무초, 분꽃, 엘라티올베고니아, 소철 등
실내에서 잘 자라지만 특별관리가 필요한 식물	산호수, 백량금, 남천, 금호, 군자란, 자금우, 양란류, 아디안텀, 쉐플레라(홍콩야자)

서 자람세를 관찰하고 정리하였다. 또한 이웃과 식당 등에서 면담을 통해서 확실한 식물을 실내에서 잘 자라는 식물, 실내에서 깍지벌레 많은 식물, 실내에서 응애가 많은 식물, 실내에서 진딧물이 많은 식물, 실내에서 너무 생육이 좋아 균형이 없는 식물, 실내에서 잘 자라지만 특별관리가 필요한 식물을 기준으로 삼았다.

실내에서 잘 자라는 식물은 특별하게 관리하지 않아도 무난하게 식물을 관찰하고 즐길 수 있는 식물이다. 깍지벌레, 응애, 진딧물 등 병해충이 있는 식물은 꽃도 예쁘고 관상 가치가 높지만 가정에서 소규모로 키울 때 해충방지가 현실적으로 어렵다는 점에서 분류하였고, 생육이 좋아도 균형이 잡히지 않는 식물 역시 실내에서는 적합하지 않는 식물이며, 광, 온도, 시비 등 식물의 생육 단계별로 기술처리가 필요하여 전문가 수준에서 키워 감상 가치가 있는 식물로 구분지었다.

상점 및 회사

대부분의 시간을 실내에서 보내는 도시민에게 실내 환경에 적용되는 도시농업은 새로운 의욕을 불러일으키며, 편안한 휴식을 제공한다. 한 조사결과에 의하면 사무실 공간에 실내 조경공간이 도입되기를 원하는 사람은 85.3%로 나타났다. 그 이유로는 기분전환과 스트레스 해소가 가장 높았고, 시각적인 아름다움과 자연에 대한 그리움, 향수가 그 다음이었다. 실질적으로 실내 작업공간에 식물을 배치하였을 때, 작업능률이 향상되며 생산성이 증가한다는 연구 결과들은 많은 것을 시사해 준다. 현대 도시민의 삶은 되풀이되는 일상과 건조한 환경으로 심신의 피로감이 쌓이게 되었다. 이러한 이유로 사무실에 근무하는 직원의 많은 수가 건물 로비에 설치된 장식정원보다는 보다 실용적으로 휴식을 취할 수 있는 휴게정원을 선호하였다. 정원 속에 들어가 대화를 하거나 앉아서 휴식을 취할 수 있는 정원이 더 필요한 결과였다.[1]

사진: 식물로 장식한 연구실
하루 중 대부분을 실내에서 생활하는 현대 도시민에게 실내 식물은 스트레스를 경감시키고, 공기를 정화하며, 집중력을 향상시키는 효과를 가져온다. 건조하고 삭막하기 쉬운 연구실 공간에 식물을 배치할 경우 작업능률이 향상될 수 있다.

또한 쇼핑공간에 적용되는 실내정원은 이용고객에게 편안한 마음으로 쇼핑 지속시간을 증가시켜 주었다. 이는 고객이 쇼핑을 하면서 녹색의 인테리어를 보며 피로감을 덜 느끼고 안정감을 갖기 때문이다. 도시농업은 녹색의 생기와 더불어 안정적인 변화와 쾌적한 환경 조성으로 활력을 불어넣을 수 있다.

상점 및 회사에 적용될 수 있는 실내공간에서 도시농업은 개인의 심리적 · 신체적 유익과 더불어 사회적 · 환경적 · 경제적 효과를 가져온다. 사회적으로 대화와 휴식의 기회를 제공하며, 레크리에이션의 일환으로 교육이 진행되는 기회가 마련될 수 있다. 또한 경제적으로 실내에서 재배되는 신선한 채소는 구성원들의 영양상태를 개선시킬 뿐만 아니라, 식사비용 절감에 기여한다. 생태적으로는 자연순환과 실내환경의 개선에

1) 최경옥 외 2인(1999). 이용자의 기능 만족도와 시각 선호도를 반영한 실내 조경에 관한 연구. 한국실내조경협회 1(1), 37-43.

사진: 음식점 화훼 장식
꽃을 이용한 장식은 시각적인 장식과 더불어, 은은한 향을 느낄 수 있어 상점에 활용될 경우 고객의 이용 만족도를 높여 준다.

〈표 8-6〉 상점 및 회사 등의 실내공간에서의 도시농업을 통한 유익

	유익	고려할 점
사회적	• 흥미 있는 교육의 기회 • 대화와 휴식의 기회 제공	• 잘 관리되지 않는다면 해충, 악취의 문제, 토지 사용 갈등
생태적	• 쓰레기 재활용을 위한 최소 기회 • 사계절 흥미 제공 • 미적인 다양성과 경험의 증진 • 물을 흡수하는 토양 표면의 증진 • 생물종의 다양성 증가 • 저장된 빗물을 이용할 수 있음	• 작동을 위한 열/빛 에너지 사용
경제적	• 적절한 수익창출 가능 • 생산된 식품의 적절한 양 • 다양한 산업에의 부수적인 이익창출의 기회 제공	• 건설하는 비용이 특히 옥상 정원보다 더 많이 듦

사진: 상점에 활용된 꽃꽂이
식물을 이용한 장식은 자연 소재로, 상점에 진열된 상품의 가치를 높이는 데 기여한다.

〈표 8-7〉 상점 및 회사 공간에서의 도시농업의 유형별 특징

유형	특징
상점 디스플레이 공간의 장식	상품을 돋보이게 할 수 있는 식물과 정원을 활용한 장식
회사 로비 공간의 장식	회사의 특징적인 이미지를 표현하는 정원, 식물과 편의 공간의 마련
근무자들의 채소 재배를 통한 여가활용	회사 내 햇빛이 잘 드는 실내 자투리 공간, 여유시간을 활용하여 쌈채소 재배
사무실 내 공간의 장식	건물 증후군, 새집 증후군을 완화시키는 관엽식물을 이용한 공기정화, 수경재배, 걸이화분 등의 방법을 도입한 다양한 실내 공간의 식재

모두 기여할 수 있다.

상점 및 회사 등의 실내 공간에서 할 수 있는 도시농업은 각각의 목적과 기능을 살려 실행해야 한다. 이를 통해 공간별 장식과 휴식 공간이 마련될 수 있고 빈 공간을 이용한 작물 재배 등으로 회사 내에서 여가 및 운동효과를 줄 수 있다.

지하철 및 지하 공간

지하 공간은 집약적인 공간 사용이 필수적인 현대도시의 팽창과 아울러 점점 더 그 활용 가치가 커지고 있다. 지하 공간은 자연채광이 안 되고, 인공적인 통풍에 의지하기 때문에 쾌적도가 떨어진다. 또한 밀폐 공간에서 많은 사람이 오가는 지하차도 및 지하철 승강장의 경우 많은 미세먼지와 습도의 불균형 등이 현대인의 건강을 위협하고 있다.

통풍과 빛이 부족하고 심리적인 갑갑함을 느끼게 되는 지하공간에서 도시농업의 실행은 녹색식물이 주는 생동감과 신선함으로 더욱 큰 효과를 나타낼 수 있는 장소로 자리한다. 실내오염물질 및 미세먼지들을 정화하는 역할과 더불어 습도조절 등의 환경적 유익이 고려될 수 있다. 또한

사진: 지하 공간 벽면을 장식하는 관엽식물
지하는 일반적으로 식물성장에 제약이 될 수 있으나, 인공적인 빛과 통풍시설로 보완할 수 있다. 삭막하고 밀폐되어 심리적 부담이 가중되는 지하 공간에서 자라는 녹색식물은 공기정화와 더불어 스트레스를 경감시키며, 안정감을 준다

〈표 8-8〉 지하철 및 지하 공간에서 도시농업 실행의 유익과 고려할 점

	유익	고려할 점
사회적	• 심리적인 안정감 • 대화와 휴식의 기회 제공 • 흥미 있는 교육의 기회 • 공간의 다각적 활용	• 잘 관리되지 않으면 해충, 악취의 문제 • 공간 협소로 인한 통행의 불편 • 재배 기술의 부족으로 인한 식물의 생장 불량
생태적	• 산소, 음이온의 발생 및 공기 질의 개선 • 사계절 흥미 제공 • 미적인 다양성 제공 • 생명력 있는 환경 • 생명을 도입한	• 실행을 위한 열/빛 에너지 사용
경제적	• 지하 상권의 활성화 • 다양한 산업에의 부수적인 이익 창출의 기회 제공 • 신선한 식품의 제공	• 건설, 유지 비용 증가

경제적으로 쾌적한 환경으로 지하 상권 활성화에 기여할 수 있으며, 특수 환경에 적용될 수 있는 농업 기술의 발달에 크게 기여할 것이다.

그러나 실행에 앞서 지하 공간의 특수성을 고려한 계획이 필수적이다. 식물에게 필요한 최소한의 빛과 통풍 관리가 제대로 이루어지지 않을 경우, 식물 성장에 악영향을 미치게 된다. 그리고 관리가 소홀할 경우 미관상의 문제가 있다. 따라서 지하 공간에서 실행되는 도시농업은 적합한 설비와 이용자 편의를 고려한 재배기술의 발달이 함께 진행되어야 할 것이다.

학교정원

학교는 미래를 창조하는 중요한 장소다. 학교는 자라나는 세대를 사회의 건강한 구성원으로 육성하는 역할을 담당하고 있다. 그리고 우리 미래의 희망이 있는 곳이며, 변화를 이끌어낼 수 있는 원동력을 갖고 있다. 우리 경제가 발전할 수 있는 기반에는 교육의 힘이 있었다. 빠른 산업화를 이끌어 갈 인재를 육성하며 새로운 역사를 창조하였다.

그러나 급격한 도시화를 겪은 우리 사회가 자연과의 연결을 잃어가듯이, 학교에서도 자연을 찾아보기 힘들게 되었다. 이는 우리 미래세대의 정서를 메마르고 삭막하게 만드는 결과를 가져온다. 또한 지속가능한 사회건설을 위한 자질 양성에 중요한 체험을 잃어버리게 된다. 현대 사회의 급변하는 상황에 적응하기 위해 필요한 학습내용은 변화에도 변화하지 않고 이어져 온 삶의 가치와 원칙을 아는 것이다. 계절의 변화와 생명의 주기, 역동적인 균형의 원칙에 대한 경험을 자연과의 관계에서 얻을 수 있다.

또한 자연과의 연결뿐만 아니라, 우리 경제 기초를 담당하는 1차 산업으로서의 농업과 관련된 교육은 점차 줄어들고 있다. 그에 따라 농업을 중심으로 발달한 조상의 전통문화와 철학, 과학은 점차 그 입지가 줄어들게 되었다. 농업은 단지 식량생산을 담당하는 하나의 산업에 국한되지 않는다. 종합적인 학문의 발전과 연결된 농업은 산업뿐만 아니라, 학문의 기반으로 기여하고 있다. 자연과의 교감을 토대로 하는 농업은 현대 문명의 폐해를 개선시킬 수 있는 해답을 갖고 있기 때문이다.

학교정원을 이용한 농업의 체험은 위와 같은 상황을 개선시키며 중요한 교육적 효과를 지닌다. 농업기술의 교육이 아닌 인성교육의 장으로 활용될 수 있으며, 지식을 적용하는 실습의 장이 될 수 있다. 농업은 양육과 획득으로 이루어져 있다. 한 생명체를 양육함으로써 얻는 다양한 삶의 원칙은 미래세대가 사회를 건강하게 키워나가는 심성을 마련해 준다. 녹색과 함께하는 생활은 심리적으로 안정감을 주며, 스트레스를 경감시키고, 신체적 활동을 자극하며 심신의 건강을 이끌어 준다. 뿐만 아니라 교과 과정에서 얻게 되는 지식을 적용할 수 있는 여러 측면의 기회를 제공하며, 경험을 중심으로 하는 교육이 이루어질 수 있는 바탕이 된다.

학습의 결과는 변화된 행동이다. 학습을 통해 학생은 인지적 반응과 정서적 반응이 결합되어 행동을 변화시킨다. 전통적인 교실 수업은 청각과 시각에 의존하는 인지적 자극이 중심이 된다. 따라서 정서적인 경험을 처리하는 대뇌변연계 및 뇌간으로 향하는 경로 자극은 미약하며, 이 결과 바람직한 행동 변화로 이어지는 학습의 결과는 약하게 나타난다.

이와 달리 야외 실습을 통한 학습 결과는 전통적인 교실 수업에 못 미치는 효과를 나타낼 수 있다. 야외 실습은 정서적 경험과 인지적 자극이 함께 주어지지만, 학생들이 경험하는 학습의 결과는 차이가 있다. 이는 학생들이 경험하게 되는 다양한 변수와 학습내용의 통합성이 결여되기 쉽기 때문이다.

그러나 식물과 함께하는 경험과 교과의 통합으로 진행되는 도시농업은 학생들의 경험 강도를 높여 준다. 양육과 획득을 통해 정서적인 체험과 더불어 통합된 교과로 인지적 자극이 결합되어 바람직한 행동변화를 자연스럽게 이끈다. 이때 학생들은 학습 경로의 자연스러운 활성화로 교육효과가 높게 나타나게 된다.

학습효과뿐만 아니라, 도시농업에서 농업을 매개체로 발생하는 학생과 교사의 상호작용은 학생들이 다양한 삶의 기술을 얻도록 자극한다. 자아에 대한 이해와 타인과 의사소통 관계, 정보의 수집과 분석, 문제 해결과 의사결정, 자원 관리, 타인과의 작업 등이 그것이다. 자연의 순환과 변화에 관련된 여러 학습 과제 및 프로젝트는 지식의 발달과 더불어 삶의 기술 습득을 이끌어 낸다.

또한 학교정원은 지역사회 주민들에게 휴식과 배움의 장소로 제공될

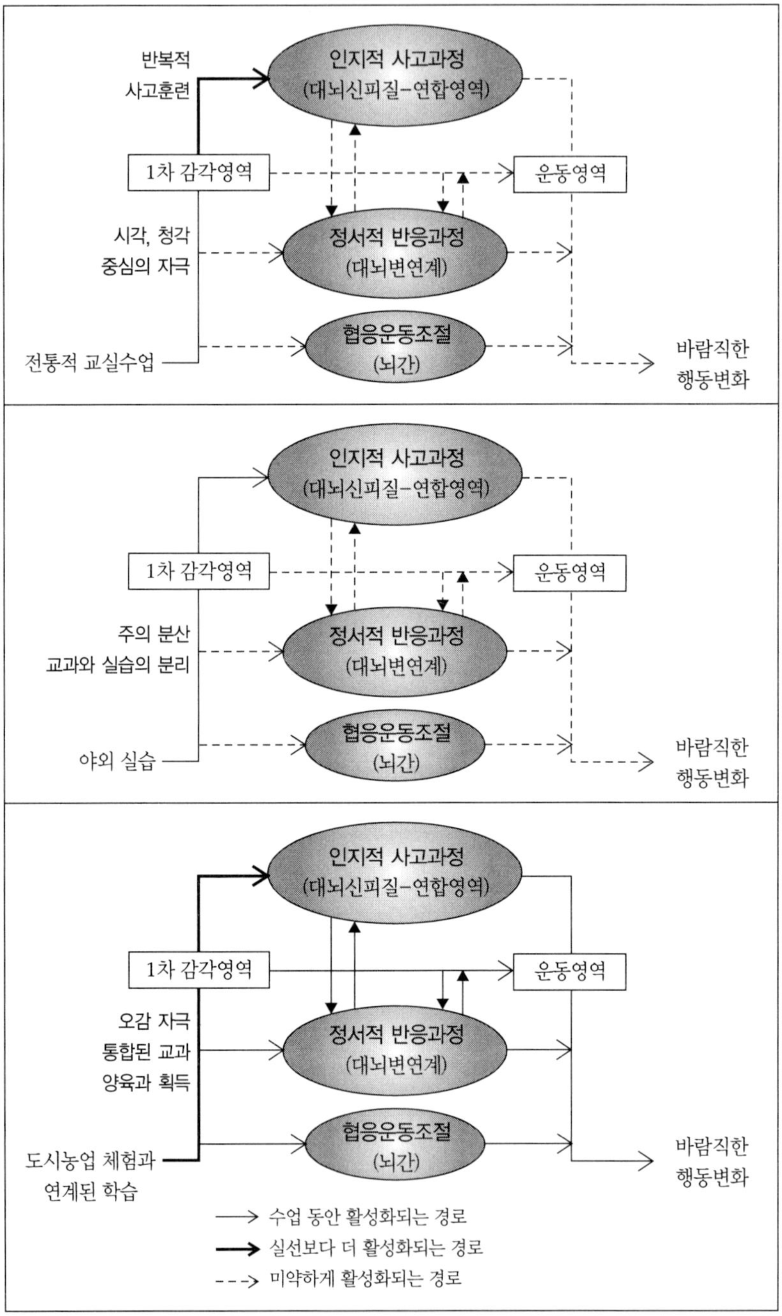

[그림 8-1] 학습으로 활성화되는 행동의 경로

사진: 자신의 텃밭을 가꾸는 아동들
학교에서 실행하는 도시농업은 아동들에게 학습과 연계되는 체험과 더불어 양육과 성장을 통한 심리적 안정감, 성취감, 협동심을 배울 수 있는 기회를 제공한다.

수 있으며, 교류의 장을 마련해 준다. 교육적 활용과 지역사회의 쾌적한 환경 조성 및 공동체 발전 촉진은 또 다른 유익을 불러일으킨다. 그리고 학교에서 즐거운 경험으로 농업을 접근하게 되는 학생들은 농업에 대한 긍정적인 이해를 얻게 된다. 이와 같은 효과들은 장기적으로 농업을 활성화하는 데 크게 기여하게 될 것이다. 농업을 새롭고 긍정적인 시각으로 바라보며, 직업탐색의 기회를 가짐으로써 미래에 인재 유입이 일어나게 된다. 학교정원의 교육적 활용은 농업과 관련된 직업의 경쟁력을 강화시켜 지속가능한 사회를 건설하기 위해 중요하다.

학교정원은 활용할 때에 조성의 이점을 얻을 수 있다. 학생들의 학습공간과 휴식공간, 탐구공간, 여가공간에 대한 통합적인 접근이 필요하다. 이러한 접근에서 다양한 테마를 중심으로 학교정원을 조성할 때 흥미 유발 및 교육적 효과의 증대를 얻을 수 있다. 또한 각 교과 과정에서 이용될 수 있는 주제와 통합된 테마 정원을 조성하게 될 경우 활용도를 높일 수 있을 것이다. 예를 들어, 감각정원의 경우 신체발달과 실과교육, 과학교

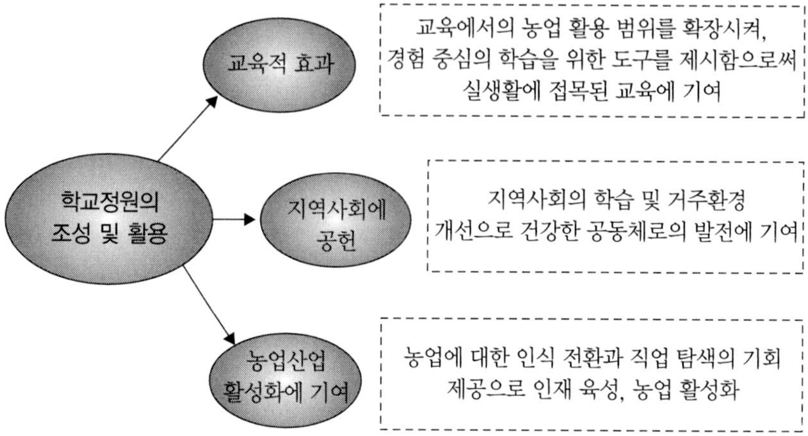

[그림 8-2] 학교정원의 조성을 통해 얻는 교육적 · 사회적 · 경제적 유익

육이 결합된 주제로 활용될 수 있으며, 국어교육을 위한 글쓰기 주제가 될 수 있다. 학습정원은 독서교육과 관련되어 책에 등장하는 식물을 실질적으로 가꾸어 보는 체험을 제공함으로써 학습효과 증대를 이끌어 낸다.

〈표 8-9〉 학교정원을 통해 얻을 수 있는 유익

	유익	고려할 점
사회적	• 학생의 경험에 의한 교육 기회 • 영양과 식품 지식의 향상 • 학교 운동장의 미적 기능 향상 • 학교 텃밭 사용이 학교 파괴 문화를 막고 학교 경관에 대한 자부심을 증가시킴 • 지역사회 주민 교류 및 휴식 장소 제공 • 학생들의 직업교육 기회 제공 • 농업과 관련된 기술 습득 실습의 장소 제공	• 학생들의 참여가 없으면, 관리상의 어려움 발생 (파괴 행위 발생 가능성)
생태적	• 여러 종류의 정원으로 활용 • 퇴비의 사용으로 토양과 식물의 영양 증진 • 물의 재활용과 물의 순환에 대한 교육의 기회	• 안전성의 고려가 필요함(독성 식물 분류)
경제적	• 이익창출에 관여하지 않음 • 학교 급식을 위한 신선하고 영양가 높은 식량 수확	• 디자인과 건설의 비용

■ **학교에서 이용할 수 있는 다양한 주제의 정원 예**

① 나비정원

- 학생들 스스로 나비가 좋아하는 식물을 찾게 하여 디자인하기
- 나비의 생명 주기에 대하여 토론하기
- '애벌레'와 관련된 동화책(Trina Paulus의 『꽃들에게 희망을』)을 읽고 토론하기
- 애벌레를 기르며 나비가 되는 과정 관찰하기
- 교실에서 나비의 발달에 대하여 기록하여 나비에 관한 관찰일지 만들기

② 감각정원

- 학생들이 정원에서 시각, 청각, 촉각, 후각, 미각을 느껴볼 수 있게 디자인하기
- 미각을 자극할 수 있는 채소, 식용꽃을 길러 샐러드 해 먹기
- 씨앗 꼬투리, 열매 등의 정원에서 얻을 수 있는 재료로 인형 만들기 콘서트 개최하기
- 사람이 만지면 움직임이 있는 식물 관찰하기
- 물소리, 바람에 흔들리는 식물의 소리 느끼기

③ 학습정원

- 동화책에 있는 식물 찾아보기
- 학생들이 정원에서 종자와 말린 잎을 모아 기록하기
- 학생들이 학교 정원에서 식물 또는 정원활동에 관한 시나 수필을 써보기
- 가족과 함께할 정원 신문 만들기

④ 허브정원

- 역사를 통하여 허브를 이용하는 문화에 대해 이야기하기
- 허브와 커피 간의 차이 이야기하기
- 학교 정원에서 허브식물로 허브티 만드는 법 배우기
- 허브식초, 허브향주머니 만들기
- 학교정원에서 허브 말리기와 다음해 정원 구성요소 도입을 위한 판매

⑤ 채소정원

- 채소의 영양(비타민)에 대한 수업의 통합
- 학생들이 자신이 먹는 식물을 기록하는 식물일지 기록하기
- 학교정원에서 퇴비저장소 만들고 관찰하기
- 학교정원에서 해충과 질병을 위한 대책 마련하기
- 정원에서 채소 수확시기에 대해 이야기하기
- 식물 라이프 사이클에 대해 배우기

⑥ 피자정원

- 피자 모양으로 땅을 구획하기
- 피자에 들어 있는 식물 조사하기
- 피자에 들어 있는 식물을 심어 피자정원 만들기
- 피자에 들어 있는 색깔을 이용하여 피자정원 만들기

⑦ 아동정원

- 글자, 숫자 모양의 정원 만들기
- 잔디, 돌 등을 이용한 맨발로 다니는 정원 만들기
- 꽃의 색을 이용하여 무지개를 만드는 무지개 식물정원 만들기

⑧ 공예정원

- 공예를 위한 재료를 얻을 수 있는 식물 기르기(압화, 말린 꽃, 종자 꼬투리, 열매)
- 다음 계절의 정원을 위하여 수익을 낼 수 있는 생산물 판매

⑨ 세계의 정원

- 나라를 대표하는 식물 알아보기
- 세계의 나라와 지역을 대표하는 예술과 통합하기
- 나라를 대표하는 식물들의 기원에 대하여 자세히 배우고 조사하기

⑩ 들꽃정원(야생화 정원)

- 정원에 새를 위한 과실수 심기
- 작은 동물이 숨기 위한 키 큰 풀 이용하기
- 새둥지 만들기
- 벌새나 나비, 나방이 특히 좋아하는 식물과 꽃 찾아보기

공동체정원

공동체 도시농업은 주민과 지역사회 모두에게 긍정적으로 기여하는 전략이다. 공동체가 함께 농업에 참여함으로써, 지역주민에게는 사회 참여 기회가 주어지며 자연과 함께하는 풍요로움을 느낄 수 있다. 지역사회에서는 방치되기 쉬운 부지를 활용함으로써 환경미화와 부동산 가치의 증진을 도모할 수 있다. 또한 지역사회 발전에 기여한다. 도시농업을 통해 교류가 활발한 공동체는 사회개선을 위한 참여에 적극적이 되며, 연령층 간의 교류가 확대된다. 사회적으로 소외되기 쉬운 노인들에게 일자리를 창출하고, 아동 · 청소년을 위한 교육의 장소로 활용될 수 있다.

〈표 8-10〉 공동체정원의 사회적 · 생태적 · 경제적 유익과 고려사항

	유익	고려할 점
사회적	• 공동체 조직 • 상호작용 증가 • 공공 분야에 활력 • 사계절 흥미창출 • 교육의 기회창출 • 1~5%의 필요한 영양 보충 채소 • 소극적인 레크리에이션 기회 제공 • 모든 참여자를 위한 기회 • 심미적인 다양성과 경험의 향상 • 문화유산의 다양성 증가	• 도시 거주자의 교육 필요성 • 미개발되고 섬세한 대조가 받아들여지지 않을 수 있음. • 비교적 높은 가격 비용으로 토지를 소비 • 개인 용도로 사용될 수 있음 • 잠재적인 문화적 파괴 • 특별 경관 관리/행정 부하
생태적	• 생산물에 의한 고체 쓰레기의 이용 • 일하는 경관의 창출 • 전체 통과 수송의 증가 • 집 근처에 기분전환을 위한 거주자의 부가적인 이유 제공 • 생물 다양성의 증가 • 저장된 폭풍우 이용 가능	• 서식지 향상 능력이 높으나 다른 경관유형 만큼 높지는 않음 • 공원디자인에 영향을 줌 • 파괴 서식지가 될 수 있음 • 관개수 요구가 여름에 늘어날 것임
경제적	• 경제적으로 식품비용 감소 • 작은 규모의 도시 식품 생산물을 위한 저장고 • 매우 경제적인 경관 구성비용 • 고용창출 효과	• 비교적 높은 경관 비용의 토지 소비
기타	• 쉽게 전환할 수 있는 도시농업 전략 • 매우 쉽게 다른 토지 이용으로 변환 가능 • 도시농업의 시도되고 평가된 접근	

도시 저소득층에게는 식품비 절약과 직업교육을 통한 창업의 기회를 제공한다.

이와 같은 공동체의 도시농업이 유익하기 위해서는 지역주민의 참여와 의사소통이 중요하다. 지역주민이 지속적으로 참여할 때, 성공적인 토지 활용 및 전략이 될 수 있다. 지금까지 지역사회를 위한 공원 조성은 많은 곳에서 시도되었다. 그러나 공원의 조성부터 유지, 관리를 정부나 특정 기관이 담당할 경우 관리에 어려움이 있으며, 유지 비용이 많이 드는 단점이 있다.

도시에서 진행되는 공원 조성이나 나무 심기는 사회적인 요소가 중요하게 작용한다. 예를 들어, 한 도시에서 나무 심기 프로젝트를 통해 공무원들이 20,000그루의 나무를 심기로 결정했다면 2년 후에는 몇 그루가 남지 않는다. 만약 시민들의 참여와 공동체가 중심이 되어 나무 심기 프로젝트가 진행된다면 나무의 생존율은 증가한다. 또한 이 프로젝트를 통해 참여자들은 공동체 의식이 증진되고 사회적인 동질감을 높여 준다. 이 동질감은 개인적인 욕구를 자제하고 이웃에 대한 배려를 높이는 결과를 가져온다.

우리나라의 경우 최근 아파트 단지를 중심으로 친환경적 경관 조성이 활성화되고 있다. 특히 아파트의 경우, 단지의 슬럼화를 예방하고 거주민의 복지증진을 위해 기관의 추진으로 단지 녹화사업을 진행하고 있다. 단지 환경의 변화로 주민들의 호응도가 높으며, 분위기 쇄신에 크게 기여하였다. 그러나 주민의 참여를 이끌어내는 자발적인 공동체 형성이 이루어지지 않아 장기적인 효과를 얻지 못하고 있다. 즉, 기관의 주도로 이루어진 단지 공원은 일시적으로 주민들에게 긍정적인 영향을 미쳤으나, 장기적으로 유지되지 못하는 실정이다.

이와 같은 공동체 도시농업의 단점을 보완하려면 교육 프로그램의 진행이 필요하다. 교육 프로그램은 지역사회의 정원을 주민의 생활 속에 정착시키는 것을 목적으로 진행해야 하며, 공동체가 함께 가꾸는 녹색 환경 조성의 중요성을 이해하는 것에서 출발해야 한다. 개인이 얻는 유익과 공동체가 나눌 수 있는 풍요로움, 환경 개선에 기여하는 방안을 이해할 경우 지속적인 녹지 활용도가 높아질 수 있기 때문이다.

교육 프로그램의 실질적인 사례로 2005년 인천의 아파트 단지에서 시

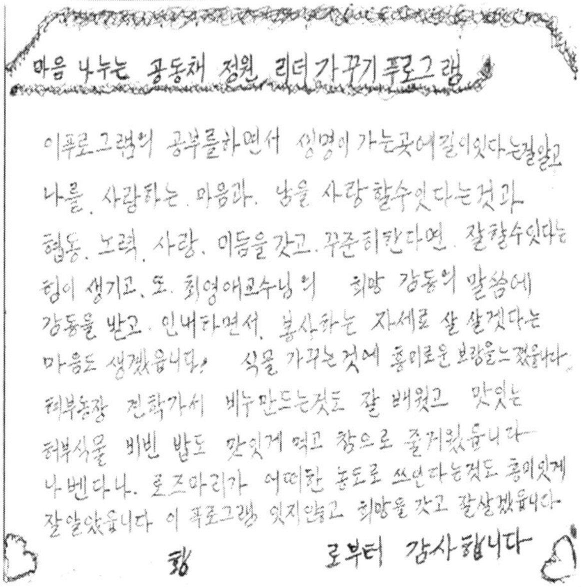

마음 나누는 공동채 정원 리더 가꾸기 푸로그램

이푸로그램의 공부를하면서 생명이 가는곳에 길이있다는걸알고
나를. 사랑하는. 마음과. 남을 사랑 할수잇다는것과
협동. 노력. 사랑. 미듬을갖고. 꾸준히한다면. 잘할수있다는
힘이 생기고. 또. 최영애교수님의 희망 강동의 말씀에
강동을 받고. 인내하면서. 봉사하는 자세로 살 살겠다는
마음도 생겼읍니다! 식물 가꾸는것에 흥미로운 보람을느꼈읍니다.
허부농장 견학가서 비누만드는것도 잘 배웠고 맛잇는
허부식물 비빈 밥도 맛잇게 먹고 참으로 즐거웠읍니다
나벤다나. 로즈마리가 어떠한 용도로 쓰인다는것도 흥미잇게
잘알았읍니다 이 푸로그램 잊지않고 희망을 갖고 잘살겠읍니다

황 로부터 감사합니다

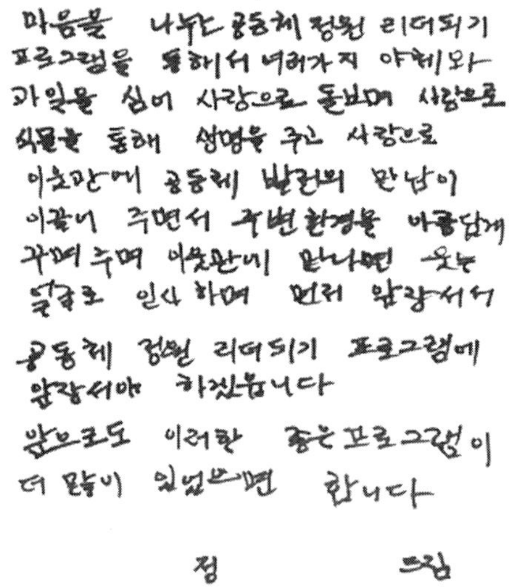

마음을 나누는 공동체 정원 리더되기
프로그램을 통해서 여러가지 야채와
과일을 심어 사랑으로 돌보며 사랑으로
식물을 통해 생명을 주고 사랑으로
이웃간에 공동체 발견의 만남이
이루어 주면서 주변환경을 아름답게
가꾸어 주며 이웃간에 만나면 웃는
얼굴로 인사하며 먼저 앞장서서
공동체 정원 리더되기 프로그램에
앞장서야 하겠읍니다
앞으로도 이러한 좋은 프로그램이
더 많이 있었으면 합니다

정 드림

사진: 공동체정원 리더양성 프로그램 참여자 평가
아파트 주민들과 함께 단지 내의 정원을 조성하는 데 주도적인 역할을 담당하게 될 리더를 양성하기 위한 프로그램은 단기적 유익만을 얻었던 기존의 정원과 달리, 장기적으로 유지 · 발전될 수 있는 정원조성에 기여한다.

도된 공동체정원 리더 양성 프로그램이 있다. 이 교육은 공동체가 함께 하는 도시농업을 지속시킬 수 있는 주민지도자를 양성하기 위해 실행되었다. 전국적으로 확대되는 아파트 단지 내의 녹지 공원조성이 장기적으로 활성화될 수 있도록 진행하였으며, 입주민의 자발적인 참여와 관심을 이끌기 위한 효과적인 대안으로 평가되었다.

구체적으로 이 교육프로그램은 우선 아파트 단지 입주자들로 구성된 참여자들이 공동체정원의 조성, 유지 및 관리, 활용을 담당할 수 있도록 리더로 성장시키는 것이 목적이었다. 지역사회에서 중추적 역할을 담당하면서, 각종 단체와의 교류에서 지역주민의 대표로 활동할 수 있는 리더 자질 향상에 중점을 두었다. 교육 프로그램의 구성 및 활동은 단계 1, 2로 나누어 계획되었다.

첫 번째 단계는 즐거움과 보람을 느낄 수 있도록 지식 및 기술습득에 중점을 두었다. 공동체정원에서 주도성을 유지하기 위한 원예 지식과 기술의 신장을 목표로 하는 원예 체험 프로그램으로 진행되었다. 이 단계의 교육 프로그램은 참여자들에게 공동체정원의 활성화를 위한 기초적인 원

사진: 생활 쓰레기(스티로폼 박스)를 이용한 식물 재배 방법을 배우는 프로그램 참여자
공동체 정원 리더 양성 프로그램 첫 단계는 식물을 재배하는 방법을 중심으로 진행되었다. 참여자들은 실습과 함께 다양한 지식을 습득함으로써 자신감을 얻고, 즐거움을 나누는 체험을 하였다.

예기술을 체험하고 지식과 의사소통의 기술습득을 주요 내용으로 하였다. 참여자들은 채소 및 화훼를 직접 키워 보면서, 이 식물들과 연관된 재배기술과 사람이 얻을 수 있는 이로운 점(영양정보 및 건강증진에 기여하는 역할 등)에 대한 다양한 예를 알아갔다. 이 경험은 공동체정원의 조성단계에서 지역 주민의 참여를 유도할 수 있는 기본 소양을 배양하게 되었다.

두 번째 단계의 교육 프로그램은 보다 실천적인 교육으로 진행되었다. 첫 번째 프로그램의 수료를 바탕으로 실질적인 정원 조성의 전 과정을 계획하고 실행하는 체험 교육 프로그램으로 진행되었다. 지역주민의 참여 활성화를 위한 의견수렴 과정 및 의사결정과 실행, 그리고 공동체정원 내에서의 활발한 대화 유도를 위한 행사의 계획 및 실행을 체험할 수 있는 기회의 제공이 목적이었다. 참여자들은 지역주민의 참여를 이끌기 위한 계획과 실행을 체험하면서 정원을 중심으로 공동체를 주도해 나가는 경험을 통해 리더로서의 자질을 배양하게 되었다.

사진: 아파트 단지 내의 공터를 활용한 공동체정원
단지 뒤편에 있는 공터를 주민들과 함께 작은 텃밭으로 꾸미는 체험은 주민이 찾지 않는 공간을 활성화시켰다. 또한 함께 작업하며 보람을 느끼고, 수확물을 이용한 장터를 열어 지역 주민의 자립성 획득에 기여하였다.

원예치료-치료 및 재활공간

도시농업은 모든 사람에게 즐겁고 보람을 느끼는 체험이다. 영유아에서 노년층에 이르는 전 연령층에게 자연의 순환을 경험하는 농업은 심리·사회적, 경제적, 생태적인 유익을 가져다준다. 그중에서 특별한 도움이 필요한 연령층에게는 원예치료를 활용한 접근이 효과적이다.

원예치료는 '사람의 몸과 마음, 영혼을 개선시키기 위해 식물과 정원활동을 이용하는 과정' 이다.[1)] 즉, 원예치료란 치료 및 훈련이 필요한 대상자가 치료사에 의해 계획된 식물과 정원활동을 매개체로 한 치료과정을 의미한다. 식물과 정원활동은 인간의 네 가지 측면에 유용한 치료적 도구다. 인지적인 측면에서 직업과 연계되는 기술 습득의 기회를 제공하고, 자연 재료를 통한 흥미유발 및 관찰력 증진, 이해력 향상 등의 효과를 가져온다. 사회적 측면에서 그룹활동 참여 기회를 제공하고, 식물과 정원활동을 주제로 편안하게 대화하도록 유도한다. 따라서 상호작용을 촉진하고 그룹 내의 활동으로 공동작업 및 완성에 기여할 수 있다. 정서적 측면에서 과제의 완성은 자존감을 향상시키고, 성취감을 느낄 수 있으며 미래에 대한 희망을 심어줄 수 있다. 또한 신체적으로 소근육 및 대근육 사용을 촉진하는 과제수행으로 운동 근육 기능의 발달과 야외활동을 증가시킨다. 따라서 재활훈련이나 정신과적 치료가 필요한 사람들에게 도시농업은 원예치료의 형태로 진행될 수 있다.

---

1) 최영애(2003). 원예치료. 학지사.

〈표 8-11〉 원예치료 프로그램을 통해 얻을 수 있는 유익

측면	유익	고려할 점
인지적 측면	• 농업에 대한 새로운 기술의 습득 • 어휘력과 의사소통 기술의 향상 • 자연을 소재로 한 인지적 발달 자극 • 호기심 자극 • 이해력과 관찰력의 증가 • 직업훈련으로 연계 가능 • 오감 자극을 통한 인지적 기능 향상	• 증상에 따른 효율적인 프로그램의 선택과 관리
사회적 측면	• 식물, 정원활동을 주제로 한 대화의 기회 제공 • 그룹활동 참여 촉진 • 공동작업으로 상호작용과 책임 공유 및 지도력 개발 • 새로운 사회적 관계 형성 자극 • 치료 그룹과 외부 그룹 연계로 사회적 성장 자극	• 집단 내외의 갈등 요인
정서적 측면	• 과제 완성을 통한 긍지와 성취감, 자신감과 자기존중감의 향상과 자아개념 형성 자극 • 공격 성향을 사회에서 용인하는 수준으로 경감시킬 수 있는 기회 제공 • 씨앗 발아에서 꽃을 피우고 열매를 맺는 과정에서 미래에 대한 흥미와 의욕을 촉진시키는 활동 • 자기표현으로 창조 성향에 대한 만족의 기회 제공	• 비교와 인정에 대한 요구와 갈등
신체적 측면	• 기본적인 운동근육 기능의 발달 및 향상 • 정원뿐 아니라 조경관리 등 야외활동의 증가 • 기초운동 기술의 발달을 도와주고 실외운동 연습 기회 제공	• 도구와 환경과 관련된 신체적 위험 요인의 발생 • 식물 알레르기 등의 개인 병력 고려

원예치료는 네 가지 요소로 구성되어 있다. 첫째, 전문적인 치료 수행 능력을 갖춘 치료사가 필요하며, 둘째, 훈련 혹은 치료가 필요한 대상자다. 셋째, 대상자에게 적합하며 측정 및 평가가 가능한 치료 목적이고, 넷째, 치료 목적에 적합하게 원예 또는 정원활동에 초점이 맞춰진 치료과정이다. 원예치료의 대상자는 크게 치료가 요구되는 신체적 · 정신적 증상을 지닌 환자 및 회복기 대상자와 재활이 요구되는 교도소 및 재활원 대상자다.

원예치료는 위의 대상자들을 포함하는 다양한 기관에서 활용될 수 있다. 원예치료사는 현재 국내 여러 대학원 및 사회교육원을 중심으로 양성되며, 풍부한 경험으로 치료를 진행하고 있다. 각 기관에서 원예치료가 실시될 경우에는 대상자와 관련된 각 분야의 전문가들과 함께 원예치료사의 참여로 계획되고 실행되어야 한다. 기관에서 담당하고 있는 대상

〈표 8-12〉 연령과 대상에 따라 구분한 원예치료 대상자표

<table>
<tr><th colspan="2">연 령
공 간</th><th>0~12세
아동기</th><th>13~20세
청소년기</th><th>20~60세
성인기</th><th>60~
노년기</th></tr>
<tr><td rowspan="3">치료</td><td>병 원
〈body〉
(소화기계, 호흡기계, 순환계, 신경계, 내분비계)</td><td></td><td></td><td>식물과 원예활동을 이용해 회복을 돕는 교양강좌, 통증클리닉</td><td>고령화로 인한 육체적 질병들
(요양원)</td></tr>
<tr><td>병 원
〈mind〉
(정신계)</td><td>과잉행동장애, 불안장애, 우울증, 발달장애, 틱장애 등</td><td>파괴적 행동장애, 물질 관련 장애(본드 등)</td><td>물질 관련 장애(알코올, 카페인, 대마초 등), 정신분열증, 기분장애(우울증, 양극성 장애), 불안장애(공황장애, 성격장애) 등</td><td>치매
(사회복지시설)</td></tr>
<tr><td>교도소</td><td></td><td>반사회적 행동장애</td><td>물질 관련 장애, 성격장애</td><td></td></tr>
<tr><td rowspan="2">재활</td><td>교도소</td><td></td><td>적극적인 원예치료</td><td>적극적인 원예치료</td><td></td></tr>
<tr><td>재활원</td><td colspan="4">정상인에 비해 사고 및 유전적 특성들에 의해 육체적 기능 및 지적 발달이 불완전하거나 지체되어 능동적 · 수동적 활동에 제약을 받는 사람(시각, 청각장애, 정신지체, 지체부자유 등)－직업훈련기관, 재활원
• 재활(정형외과적 처치가 필요한 사람들)</td></tr>
</table>

자들의 특성을 고려한 치료목적은 치료사에 의해 대상자의 욕구에 따라 다양하게 선정될 수 있다. 치매 및 노인 요양기관의 경우, 기억자극 및 감각자극을 통한 인지능력 향상에 초점을 맞춘 치료과정이 진행될 수 있다. 또한 사회성 및 대인관계 향상을 위한 그룹활동을 선정할 수 있다. 장애아동의 경우 사회 적응력 향상을 위한 대인관계 기술습득을 위한 식물 및 원예활동의 활용과 직업재활을 목표로 실행될 수 있다.

치료과정에 활용되는 식물 및 정원활동은 치료목적에 적합한 선정이 필요하다. 각각의 대상자들의 특성을 고려한 치료목적을 지니는 원예치료 프로그램의 예는 다음과 같다.

〈표 8-13〉 각 기관 내 대상자를 위한 치료목적 및 활동 선정의 예

기관	치료목적	치료목적과 연관된 식물 및 정원활동
치매 및 노인 요양기관	기억력 증진	텃밭 채소 가꾸기, 집 안뜰에 있던 꽃 가꾸기, 소쿠리 정원 만들기, 솥정원 만들기
	신체적 운동효과	높인 재배상에서의 채소 재배, 물주기, 자연 산책, 자연물 채집
	감각의 자극	꽃장식, 아로마테라피, 씨뿌리기
	사회성 및 대인관계 향상	접시정원 만들기, 꽃꽂이 선물하기
	자존감 향상	강낭콩 기르기, 씨뿌리기, 채소밭 기르기
장애 아동기관	감각의 자극	허브, 식충식물, 움직임이 있는 식물을 이용한 놀이, 씨뿌리기, 흙 고르기, 식물채집
	사회성 및 대인관계 개선	함께 만드는 접시정원, 활동 후 이야기 나누기, 공동 텃밭 가꾸기
	집중력 향상	씨뿌리기, 삽목하기, 압화 만들기, 씨앗 크래프트
	환경에 대한 인식	자연물 채집, 자연산책, 저장한 빗물 이용하여 식물 기르기, 썩는 쓰레기와 썩지 않는 쓰레기 구분하여 퇴비에 이용하기, 지렁이 퇴비 만들기, 공기 정화 식물 기르기
	자존감 향상	강낭콩 기르기로 나를 돌아보기, 씨뿌리기, 삽목하기, 꽃 기르기

〈표 8-14〉 각 기관 내 대상자를 위한 치료목적 및 활동 선정의 예

기관	치료목적	치료목적과 연관된 식물 및 정원활동
교도소	생명에 대한 존중	강낭콩 기르기, 관엽식물 물가꾸기, 꽃씨 뿌리기, 국화 삽목하기, 화단에 물주기
	자존감 향상	강낭콩을 기르며 나를 키우기, 국화 삽목하여 꽃피우기
	직업 재활	꽃꽂이, 채소 재배, 압화 작품 만들기, 정원 만들기
	창조적 만족	꽃꽂이, 화단 가꾸기, 압화 액자 만들기, 전정하기, 테라리움 만들기
	사회성 및 대인관계 향상	공동으로 텃밭 가꾸기, 활동 후 이야기 나누기, 활동에서의 역할 분담, 접시정원 만들기
병원 (재활기관)	운동효과	채소밭 가꾸기, 씨뿌리기, 삽목하기를 통한 손감각 익히기, 병원 주변 산책하기, 전정하기
	취미 및 여가시간의 활용	꽃꽂이, 리스 만들기, 압화 엽서 만들기
	감각의 자극	아로마테라피, 허브 리스 만들기, 허브 말리기, 씨뿌리기, 씨앗 크래프트, 채소밭 가꾸기
정신과 병동	자존감 향상	강낭콩 기르기, 삽목 번식하기, 꽃씨 뿌리기, 고추 수확하기, 토마토 지주 세우기
	감각의 자극	허브리스 만들기, 허브 포프리 만들기, 말린 꽃 액자 만들기, 폐품 활용(페트병, 깡통, 유리병) 화분 꾸미기

도시민농장

도시민들이 가까운 곳에서 자연과 함께하는 농업을 실행할 수 있는 대안은 도시민농장이다. 도시 근교에 위치하는 도시민농장은 도심에서 활용할 수 있는 부지의 제약을 해결하고, 다양한 경험과 유익을 줄 수 있는 형태다. 도시민농장은 도시민뿐만 아니라 농업인의 사회적 참여 기회와 경제적 활용을 제공할 수 있다. 도시민은 친환경적인 여건에서 농업을 체험하며, 휴식과 여가선용의 기회를 얻을 수 있다. 농업인은 도시민의 농업체험을 이끌어 주는 리더로 성장할 수 있으며, 도시와 농촌의 교류를 활성화할 수 있다.

도시민농장은 도시농업과 관련된 모든 요소를 포함하는 시설로 구성될 수 있다. 도시환경 특성상 제약되는 동물과 식물을 양육, 재배할 수 있다. 다각적인 시설 확보를 통한 가족 간 여가활용 및 상호작용 증진과 자연학습의 기회 제공을 담당할 수 있다. 또한 도시와 농촌의 교류가 이루어지는 핵심적인 역할이 기대될 수 있다. 생태적으로 유휴농지의 활용과 자연의 순환과정에 기여함으로써, 환경정화에 기여할 수 있다. 가족 단위의 농사체험으로 생산될 수 있는 식품은 가정의 식품비 절약과 안전한 농산물 자급의 기회를 제공한다.

우리나라에서 가장 활발히 이루어지는 형태는 주말농장이다. 주말농장은 일반 시민들이 식생활에 필요한 채소들을 직접 재배하는 농사 체험을 통해 농산물을 얻고 있다. 그리고 자연체험의 경험이 부족한 도시의 아이들에게 자연과 접할 수 있는 기회를 제공하며 현재 활발히 운영되고 있다.

〈표 8-15〉 도시민농장의 사회적 · 생태적 · 경제적 유익

	유익	고려할 점
사회적	• 자연학습의 교육기회 • 가족 간의 여가활용, 상호작용 증진 • 다양한 체험 기회 • 지역 간 주민의 교류 • 농업민과 도시민의 만남 제공	• 악취 발생 가능 • 잘 관리되지 않으면 거주자가 식품을 재배하는 데 참여할 기회를 얻지 못함
생태적	• 친환경적 방법의 이용 • 종의 다양성에 기여 • 유휴농지(경작되지 않는 농지)의 활용 • 생산물에 대한 고체 쓰레기 이용	• 퇴비(음식물 쓰레기)가 적절히 관리되지 않으면 설치류 문제가 발생
경제적	• 가정의 식품비 절약 • 안전한 농산물 • 농가의 소득 • 경제적 경관 구성	• 헌납된 토지 사용이 요구됨 • 도시를 위한 수익 공간이 줄어들 수 있음

주말농장의 운영형태는 텃밭재배와 자연학습장 등의 형태로 나누어 볼 수 있으며, 농업기술센터와 농협, 민간농가의 주도로 주로 1년간의 임대계약으로 이루어지고 있다. 주말농장은 도시 근교를 중심으로 농촌의 유휴농지와 인력을 활용할 수 있으며, 농가의 소득원이 되고 도시민들에게는 자연체험과 양육의 체험을 제공하는 새롭고 유용한 도시농업의 형태다.

주말농장이 양적, 질적인 면에서 성공적으로 이끌기 위해서는 주말농장의 형태를 다양화하는 것이 필요하다. 텃밭재배뿐 아니라 정원의 용도로 활용, 자연학습장의 형태에서 식물뿐 아니라 동물을 양육하는 등 형태의 다양화가 필요하다. 또한 도심을 벗어나 자연과 함께 하는 공간에서 쉼을 얻을 수 있는 기회를 마련해야 할 것이다.

사진: 주말농장에서 곤충 관찰과 토마토를 수확하는 아동 · 청소년
자연 속에서 식물을 재배하고 수확하는 경험은 아동 · 청소년의 관찰력 증가, 호기심 촉진, 집중력 강화 등의 인지적 발달과 정서적 안정 및 즐거움을 주는 좋은 체험이 된다.

〈표 8-16〉 주말농장의 프로그램 형태와 특징

유형	특징
가족의 식탁 채소 재배	• 가장 일반적인 도시농장의 형태 • 가족의 식탁을 책임지는 계절별 채소 재배의 공간 • 생태적인 방법의 토양, 식물 병해충 관리
아이들을 위한 관찰 학습	• 교과 과정에 나오는 식물의 도입과 학습단원과의 연계로 새로운 통합교육으로의 공간 활용 • 다양한 식물을 관찰하고 양육하는 직접 체험의 기회 확대 • 계절별 학습 프로그램 운영
자연에서의 휴식공간	• 야외 도시공원의 성격을 띤 녹지공간으로 활용 • 가족, 공동체의 자연과 접촉하는 휴식의 기회 제공
꽃 재배 정원	• 도시 주거지의 부족한 공간을 이용하여 계절별 꽃정원 계획 • 자생화 재배의 기회

동물 키우기

동물은 삭막한 도시환경에서 동적인 요소로 활력을 준다. 정적이며, 안정적인 변화를 보여 주는 식물과 달리 움직임과 다양한 소리 및 정서적 교감 등을 통해 동물은 무미건조한 도심생활에 신선함을 가져다준다. 또한 양육의 체험이 부족하기 쉬운 도시민들에게 '사랑하며 돌보기'의 기회를 제공해 주며, 생명에 대한 즉각적인 인식을 이끌어 준다.

■ "자연과 친구가 됐어요"

자연과 벗하기 힘든 도시 어린이들을 대상으로 각종 동식물을 관찰하고 농업 관련 시설을 둘러볼 수 있는 색다른 체험 프로그램이 운영돼 눈길을 끈다. 서울시 농업기술센터가 여름방학을 맞아 실시하고 있는 '어린이 자연학교'는 자연과 농업의 소중함을 일깨우는 배움터로 자리매김하고 있다.

2일 서울 강남구 도곡동 서울시농업기술센터에서 열린 이 자연학교에는 초등학교 어린이와 가족 등 34명이 등교했다.
"참나리나 참나무처럼 식물 이름 앞에 '참'이 붙으면 가장 좋은 것이라는 뜻을 갖고 있어요. 그 반대의 의미(意味)를 띠는 것이 바로 개망초에 붙는 '개'라는 것이고요."
어린이들은 서울시 농업기술센터 권혁현 도시농업 팀장으로부터 식물 이름의 유래를 비롯해 외떡잎 식물과 쌍떡잎 식물의 차이, 나비와 나방의 차이 등을 배우며 금세 자연과 친구가 됐다.
이어진 순서는 센터 내 시설 견학. 먼저 공정육묘장에 들른 어린이들은 씨 뿌리기, 흙 덮기, 물 주기 등이 자동으로 이루어지는 모습을 살펴보며 농업기술의 발달에 놀라워했다.
또 생활과학관에서는 누에가 만든 하얀 고치를 직접 만져 보고 고치 안의 번데기를 관찰하는 한편, 사슴벌레와 장수풍뎅이의 습성(習性)에 대해 익혔다. 풍란의 성장 과정을 둘러보고 현미경으로 식물 세포를 관찰하는 체험도 어린이들의 인기를 끌었다.
강남구 세곡동 유전자원전시포로 옮겨 간 어린이들은 율무, 섬백리향, 노루오줌, 어성초 등 200여 종의 자생식물을 관찰한 다음, 봉숭아 물들이기, 옥수수 껍질 벗기기 등 색다른 체험도 펼쳤다. 또 옥수수와 감자를 삶아 먹으며 가족과 친구끼리 도란도란 이야기꽃을 피웠다.
서울 연신초등 4학년 조석현 군은 "자연과 농업의 중요성을 되새기고, 특히 책으로만 봤던 고치를 직접 보고 만져 볼 수 있어 좋았어요."

(소년한국일보 2005. 8. 21 발췌)

아동들에게 동물은 자연학습의 흥미를 유발하고, 생명을 소중히 여기는 기회가 된다. 가족 및 공동체는 동물 기르기를 통해 활력과 상호작용을 촉진하는 사회적 유익을 얻을 수 있다. 또한 생태적으로 생물 다양성을 증진시키는 기회가 되며, 음식물 쓰레기를 사료로 이용함으로써 자연순환에 기여한다. 경제적으로 다른 취미를 위한 비용이 감소되는 도움을 받을 수 있다.

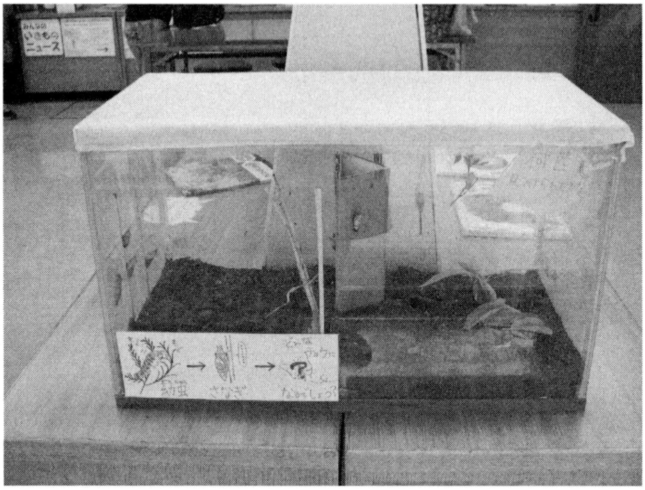

사진: 투명 박스를 이용한 곤충 기르기
곤충 기르기를 통해 아동들은 관찰력이 증가하며, 학습과 연계되어 실질적인 지식 습득에 유용하다. 또한 동적인 요소를 줌으로써 심리적으로 고립감을 느끼기 쉬운 현대 도시민들에게 좋은 자극이 된다.

〈표 8-17〉 동물 기르기의 유익과 고려할 점

	유익	고려할 점
사회적	• 활력 있는 공동체의 분위기 조성 • 가족 간의 여가활용, 상호작용 증진 • 다양한 체험의 기회 • 자연 관찰학습의 교육기회 • 가족 간의 여가활용, 상호작용 증진 • 흥미 있는 교육의 기회 • 시골의 향수를 느낄 수 있는 기회	• 관리의 부족 시 방치되는 동물의 문제
생태적	• 종의 다양성 증진 • 사료화로 인한 음식물 쓰레기의 해결	• 관리가 잘 이루어지지 않으면 악취, 병해 발생 가능
경제적	• 다른 취미를 위한 비용 감소 • 식품비 절약	• 기르기를 위한 비용 증가

그러나 도시 내에서 한정된 공간과 악취, 미관상의 문제, 소음 등의 제약으로 체험할 수 있는 동물은 한정적이다. 경제적으로 동물 양육을 위한 비용 증가를 가져오기도 하며, 관리가 부족하여 유기되는 동물의 문제를 불러일으키기도 한다. 따라서 도시 내에서 동물을 기를 때에는 여건과 환경, 책임감 등을 고려한 동물 선택이 필요하다.

〈표 8-18〉 도시에서 기를 수 있는 동물의 예

구분	종류
포유류	개, 고양이, 토끼, 다람쥐, 자라
어류	잉어, 금붕어, 비단잉어, 열대어
조류	잉꼬, 구관조, 닭, 오리, 칠면조
곤충류	누에, 꿀벌, 왕귀뚜라미, 나비, 개미, 무당벌레

사진: 마당에서 닭 기르기
많은 공간이 필요하지 않은 동물들은 여분의 공간이 부족한 도시에서 기르기 적합하다. 식물들만 있을 때와 달리 동물의 요소가 포함되었을 때, 정원은 더욱 활기를 갖고 역동적으로 변화하는 것을 느낄 수 있다.

9
도시민의 농촌 체험

도시농업은 누구나 언제 어디서나 쉽고 재미있게 즐길 수 있는 건전한 여가활동이다. 자연과 함께 살아 숨쉬는 농촌에 가면, 기분이 좋고 농업인의 따뜻한 웃음과 정을 느끼고 온다.

- 조상의 지혜가 담긴 문화 체험
- 심리적 만족감을 얻는 만들기 체험
- 관찰력을 기르는 자연 체험
- 도전과 용기를 배우는 모험 체험

9 도시민의 농촌 체험

최근 주 5일 근무제의 시행으로 여가를 위해 많은 도시민이 농촌을 찾고 있다. 예전에는 고향방문이나 친지방문이 목적이었으나 요즘 도시민들은 농촌에서 마련한 다양한 체험활동에 참여하기 위해서다. 도시민의 농촌 체험은 도시농업의 한 형태다. 도시농입에서 농업은 도시민이 식물과 동물의 양육하는 행위에서 확대되어 농업이 지닌 경제적 · 사회적 · 생태적 가치를 인식하는 경험을 의미한다.

도시민에게 농촌 체험은 자연과 전통문화를 함께 체험할 수 있는 기회가 된다. 농업으로 보전되는 자연경관과 조상들의 지혜가 담긴 전통문화는 농촌이 지닌 소중한 가치다. 농촌은 식량생산의 기능뿐만 아니라 다양한 사회적 기능과 생태적 기능을 담당하고 있다. 환경을 보전하고, 도시에서 끊어진 자연순환의 연결을 이어주며, 다양한 생명체가 공존하고 있다. 농업에 바탕을 둔 전통문화와 생활방식에서 요리와 각종 장신구까지 문화를 유지 · 계승하고 있다.

농촌이 지닌 다원적 가치는 도시농업 활동으로 이용될 수 있다. 농업과 전통, 공동체 문화가 살아 숨쉬는 농촌다움의 특성과 농촌의 취락 형태를 유지하며 자연 친화성을 갖는 경관, 접근이 편리하고 여가생활을 함께 즐길 수 있는 속성이 각종 활동의 자원이 된다. 이 자원은 농촌지역이 갖는 자연환경, 전통문화, 농사, 인간에게 즐겁고 안락한 감성을 제공하는 휴양적, 경제적 가치를 이용한 활동을 개발할 수 있다.

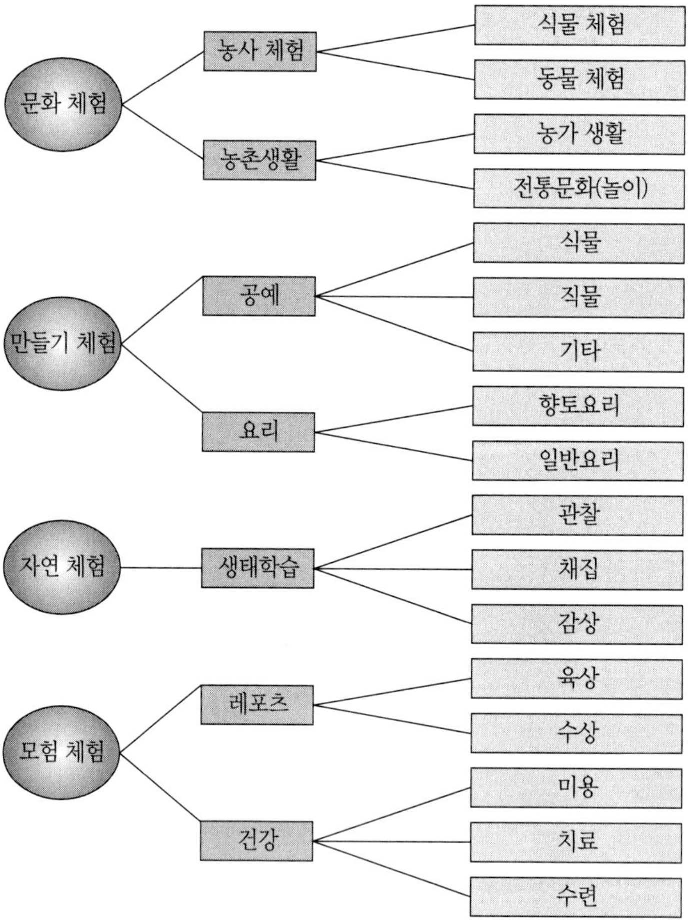

[그림 9-1] 도시민이 농촌에서 체험하는 농업활동

도시농업으로서 농촌 체험은 문화 체험, 만들기 체험, 자연체험, 모험 체험으로 구분할 수 있다. 각각의 체험은 식물, 동물 체험, 농가생활 및 전통놀이 문화 체험, 식물을 이용한 공예품 만들기와 직물 만들기 등을 포함하고 있다.

조상의 지혜가 담긴 문화 체험

농촌에서의 문화 체험 활동을 통하여 농사를 경험하며 식량자급의 마음가짐과 다양한 식물을 재배하는 새로운 기회를 얻을 수 있다. 농가생활과 전통문화를 체험함으로써 잊혀질 수 있는 우리의 좋은 것을 요즘의 생활에 적용하는 전통문화 계승과 발전의 토대가 될 수 있다.

〈표 9-1〉 문화 체험의 유익과 고려사항

	유익	고려할 점
사회적	• 가족 간의 여가활용, 상호작용 증진 • 도시민과 농어민 간 교류 기회 • 다양한 체험학습의 기회 • 시골 생활 및 시골의 정취 경험 • 농촌의 전통문화 유산의 보존과 계승	• 농촌을 도시민의 유흥지로 인식할 수 있음 • 도시지역과의 교류 기회 고려 • 시설물의 확충
생태적	• 생태농업으로 인한 수질, 토양 환경의 보전 • 종의 다양성 증진 • 농촌지역 환경의 유지, 보호	• 교통, 숙박시설로 인한 농촌 환경의 오염
경제적	• 농촌, 농가의 수익 기회 • 전통문화 사업의 활성화 • 농촌지역 경제의 활성화 • 도시, 농촌 간의 농작물 직거래	• 시기별 농작물 관리상의 문제 • 지역 농가별 홍보의 어려움

〈표 9-2〉 농사 체험을 중심으로 한 도시농업 활동의 예

분류		문화 체험 활동
농사체험	식 물	모내기, 두엄 만들기, 보리밟기, 상추, 치커리 심기, 텃밭 가꾸기(주말농장), 과수원 관리, 논생태 체험, 씨앗 뿌리기, 번식하기, 아주심기, 분갈이, 물주기, 북주기, 지주 세우기, 비료주기, 밭갈기, 비닐 깔기, 고랑 만들기, 과수원 만들기, 논생태 체험, 목화 가꾸기, 감자(고구마) 캐기, 태양초 만들기, 곶감 만들기, 녹차잎 따기, 도토리 · 밤 줍기, 딸기 따기, 무 · 배추 뽑기, 벼 베기(추수, 탈곡), 보리 베기, 산나물 캐기, 송이 채취, 수박 나르기, 양파 캐기, 옥수수 따기, 인삼 캐기, 콩 타작하기, 깻잎 타기, 수박 · 참외 · 호박 · 토마토 · 오이 · 고추 수확, 사과 · 배 · 감귤 · 매실 · 복숭아 · 자두 · 포도 수확, 벌꿀 채취, 참깨 수확(털기/볶기/기름 짜기), 더덕, 산도라지 캐기, 버섯 따기(표고버섯, 느타리), 콩나물 키우기, 하우스 농사 체험, 저장농산물 관리
	동 물	닭 모이(모이 주기), 소 여물 주기, 사슴, 토끼 먹이 주기, 목장 체험(소 몰기), 젖 짜기(축사관리), 양계장 체험
농촌생활 체험	농가 생활	나무해서 장작 패기, 맷돌에 콩 갈기, 새끼 꼬아 금줄 만들기, 쇠코뚜레 만들기, 아궁이에 고구마 구워먹기, 디딜방아 찧기, 허수아비 만들기, 옛 여인들의 삶(다듬이질, 인두질하기), 화롯불에 밤 구워먹기, 숯 만들기, 징검다리 놓기, 소달구지 타기(경운기 타기), 눈사람 만들기, 뗏목 만들어 타기
	전통 문화 (놀이)	고리던지기, 우마차 타기, 방아 체험, 장치기, 그네타기, 굴렁쇠 굴리기, 긴 줄넘기, 다도예절 익히기, 동네놀이(닭싸움, 말 타기), 놀이감 만들기(얼음썰매, 새총 만들기), 민속놀이(자치기, 투호놀이 등) 전통예절교육, 쥐불놀이, 연 만들어 날리기, 윷 만들기, 제기 만들어 차기, 지게 만들기, 싸리비 만들어 마당 쓸기, 팽이 만들기, 달집 태우기, 황토벽돌 쌓아 흙집 만들기, 돌담 쌓기, 야외 영화상영, 널뛰기, 새끼 꼬기, 복조리 만들기

심리적 만족감을 얻는 만들기 체험

농촌에서의 만들기 체험 활동을 통하여 우리 전통요리와 식품에 대해 알 수 있으며 식물을 이용한 조상들의 삶의 지혜를 배울 수 있다.

〈표 9-3〉 만들기 체험의 유익과 고려사항

	유익	고려할 점
사회적	• 창조적 체험의 기회 제공 • 전통음식의 전승과 발전 • 식물 이용 범위의 확대 • 도시지역 타 산업과의 연계 • 가족 간의 여가활용, 상호작용 증진 • 도시민과 농어민 간 교류 기회 • 흥미 있는 교육의 기회 • 시골의 향수를 느낄 수 있는 기회	• 농촌을 도시민의 유흥지로 인식할 수 있음
생태적	• 종의 다양성 증진 • 농촌지역 환경의 유지, 보호 • 생태농업으로 인한 수질, 토양 환경의 보전	• 교통, 숙박시설로 인한 농촌 환경의 오염 • 식품위생시설의 확충
경제적	• 농촌, 농가 수익의 기회 • 안전 농산물의 섭취 기회 • 농촌지역 경제의 활성화 • 전통문화 사업의 활성화 • 농촌관광 사업의 활성화 • 도시, 농촌 간의 농작물 직거래 • 안전 농산물의 섭취	• 시기별 농작물 관리상의 문제 • 가격 설정의 어려움

〈표 9-4〉 만들기 체험을 중심으로 한 도시농업 활동의 예

분류		문화 체험 활동
요리	향토 요리	고구마 맛탕 만들기, 한과(꽃유과) 만들기, 포도잼 만들기, 묵 만들기, 두부 만들기, 밑반찬 나들이(장아찌 만들기), 메주 만들기, 된장 담그기, 청국장 · 고추장 담그기, 시루떡 만들기, 송편 빚기, 과일주 만들기, 차 만들기, 곶감 만들기
	일반 요리	매실차, 오미자 요리, 복숭아 병조림, 포도병 조림
공예	식 물	약초 향기주머니 만들기, 장승 만들기, 종이공예, 압화, 짚공예(짚신, 설피), 베개 만들기, 나무 우체통 만들기, 손바닥정원 만들기, 자연을 담은 액자, 내 손으로 만든 풍경, 호박램프, 목공예, 조롱박공예: 한지 만들기, 허수아비 만들기
	직 물	퀼트 손지갑 만들기, 천연염색, 황토염색
	기 타	도자기 만들기, 자갈 인형 만들기, 자연 소재로 테이블 장식하기, 횃불 만들기

관찰력을 기르는 자연 체험

농촌의 깨끗한 환경 자원과 비옥한 토양, 다양한 생물, 수자원, 식생, 생물 서식지의 생태자원을 이용하여 아이들의 관찰학습과 계절에 맞는 체험학습, 다양한 놀이활동을 진행할 수 있다. 이와 같은 활동은 아동에게 교육적 효과를 얻을 수 있으며, 가족 간의 의사소통 증진 효과와 생태계 보호를 위한 인식 확대 효과를 얻을 수 있다.

〈표 9-5〉 자연 체험의 유익과 고려사항

	유익	고려할 점
사회적	• 아동의 관찰학습 기회 • 환경교육 • 흥미 있는 교육의 기회 • 주 5일제 근무로 인한 여가시간의 활용 • 가족 간의 여가활용, 상호작용 증진 • 도시민과 농어민간 교류 기회 • 시골의 향수를 느낄 수 있는 기회	• 농촌을 도시민의 유흥지로 인식할 수 있음
생태적	• 종의 다양성 증진, 보존 • 농촌지역 환경의 유지, 보호	• 교통, 숙박시설로 인한 농촌 환경의 오염 • 특정 생물종의 증가
경제적	• 농가 수익의 기회 • 농촌지역 경제의 활성화 • 전통문화 사업의 활성화 • 농촌 관광사업의 활성화	• 시기별 농작물 관리상의 문제 • 특정 생물종 증가로 인한 농작물 피해

〈표 9-6〉 자연 체험을 중심으로 한 도시농업 활동의 예

분류		자연 체험 활동
생태 학습	관찰	숲 관찰, 갯벌 생태체험, 야생식물 관찰, 숲 속 채 관찰, 장수풍뎅이 관찰, 반딧불이 관찰, 올챙이 관찰, 수생식물 관찰(수련, 개구밥), 토종 물고기 관찰, 동굴 속 탐험, 철새 탐조, 나무의 고동 소리 듣기
	채집	곤충 채집, 숲 속 열매 알아보기, 단풍 관찰 및 화관 만들기, 풀피리 만들기, 산야초 탐험, 도토리 팽이 만들기, 식물표본 만들기, 나뭇잎 짝짓기, 버들피리 만들어 불기, 나뭇잎 배 만들어 띄우기, 다슬기 줍기
	감상	낙조 감상/일출 감상, 별자리 따라잡기, 어두운 밤길 걷기

도전과 용기를 배우는 모험 체험

농촌에서 즐기는 모험체험은 주 5일 근무제 확산에 따른 도시민들의 여가활용과 농촌의 지역경제 활성화 및 개발을 위한 효과적인 활동이다. 심신 단련을 위한 활동을 통해 국민건강 향상에 기여하며, 농촌자원 개발 및 농가소득 증대를 가져올 수 있다.

〈표 9-7〉 모험 체험의 유익과 고려사항

	유익	고려할 점
사회적	• 5일제 근무로 인한 여가시간의 활용 • 농촌지역 관광산업의 활성화 • 레포츠 산업의 활성화 • 가족 간의 여가활용, 상호작용 증진 • 도시민과 농어민간 교류 기회 • 흥미 있는 교육의 기회 • 시골의 향수를 느낄 수 있는 기회	• 농촌은 도시민의 유흥지로 인식할 수 있음 • 시설지 확충
생태적	• 농촌지역 환경의 유지, 보호	• 시설지 관리로 인한 환경오염 • 관광용 도로의 무분별 개발 우려 • 교통, 숙박시설로 인한 농촌 환경의 오염
경제적	• 운동을 통한 건강의 증진 • 농촌, 농가수익의 기회 • 농촌 지역경제의 활성화 • 농촌 관광사업의 활성화	• 시설지 유지관리 비용 증가 • 시기별 농작물 관리상의 문제

〈표 9-8〉 모험 체험을 중심으로 한 도시농업 활동의 예

분류		모험 체험 활동
레포츠	육상	게이트볼, 길거리 농구, 눈썰매 타기, 씨름, 얼음축구, 오리엔티어링, 피구, 동네 야구, 마라톤, 배드민턴, 서바이벌, 스노쿨링, 스케이트 타기, 승마, 활쏘기, 인간컬링, 빙상 볼링, 인라인스케이트, 인공 암벽 타기, 자전거 하이킹, 족구
	수상	나룻배 타기, 래프팅, 빙어낚시, 족대로 물고기 잡기, 물놀이와 멱 감기
건강	미용	산림욕, 다이어트, 허브비누 체험, 족탕, 발 마사지, 건강 세안법, 건강한 머리 가꾸기
	치료	아로마테라피(향기요법), 민간요법, 원예치료
	수련	기공체조, 황톳길 걷기, 요가, 단전호흡

농촌에서 계절별 도시농업 활동의 예

도시민이 계절마다 즐길 수 있는 농촌의 요소는 다양하다. 이를 효율적으로 이용함으로써 도시민이 사계절 모두 농촌을 찾으며, 농가의 지속적인 소득원 확보에 기여할 수 있다.

〈표 9-9〉 농촌에서 이루어지는 계절별 도시농업 활동의 예

계절	구분	농촌에서의 도시농업 활동
봄	농사 체험	모내기, 씨뿌리기, 옮겨 심기, 분갈이, 묘목 심기, 북주기, 지주 세우기, 이랑 만들기
	전통문화 체험	장담기(고추장, 된장, 간장), 쟁기질하기, 진달래 화전 만들기, 창포로 머리 감기, 물레방아 찧기
	그린어메니티	산나물 캐기, 자연산책, 산림욕, 야생화 관찰
여름	농사 체험	과수원 체험, 논생태 체험, 수박, 참외 따기, 물주기, 김매기
	전통문화 체험	봉숭아 물들이기, 잼 만들기, 과일주 만들기, 과일차 만들기, 풀피리 만들기
	그린어메니티	휴양림 산책, 산림욕, 들꽃 체험
가을	농사 체험	벼 베기, 배즙 짜기, 고구마 수확, 퇴비 만들기
	전통문화 체험	허수아비 만들기, 메주 띄우기, 곶감 만들기, 청국장 만들기, 시루떡, 김장하기, 술 만들기
	그린어메니티	티메뚜기 잡기, 밤, 도토리 줍기, 천연염색, 버섯(송이) 채취
겨울	농사 체험	하우스농사 체험, 겨울 전정하기, 소젖짜기
	전통문화 체험	대동놀이, 거북이놀이, 화로고구마, 눈썰매, 쥐불놀이, 쇠죽쑤기, 연날리기, 팽이치기, 엿 만들기, 아궁이 군불떼기, 새끼 꼬기, 재기차기, 자치기, 윷놀이, 널뛰기, 복주머니 만들기, 복조리 만들기, 떡 매치기
	그린어메니티	토끼몰이, 산행
연중	농사 체험	과수원 체험, 생태 관찰, 곤충 관찰, 익충과 해충 구분하기, 동물농장 체험하기, 물주기, 화분 관리, 하우스 체험
	전통문화 체험	우마차타기, 방아 체험, 장치기, 짚공예, 모닥불 고구마 구워먹기, 도자기 체험, 소달구지 타기, 종이공예, 떡 만들기, 두부 만들기, 활쏘기, 투호, 고리던지기, 장작 패기
	그린어메니티	전통가옥 둘러보기, 야생화 관찰, 계곡자전거 타기, 동네산책

10
내일을 위한 도시농업의 실천

21세기 농업은 즐겁고 보람찬 일이며, 식물 중심에서 인간 중심으로 삶의 질을 높이려는 것이다. 앎을 실천하는 지식인은 아름답다. 그들과 함께 달나라에 무궁화 꽃을 피우고 싶다. 꿈은 우리가 이루는 것이기 때문이다.

- 정책적 도시농업 육성의 필요성
- 전 국민을 위한 교양농업교육
- 생활 속 도시농업 정착을 위한 도시농업 교육센터
- 발전을 위한 농업과 미래정원

10 내일을 위한 도시농업의 실천

정책적 도시농업 육성의 필요성

2001년부터 농업 신장과 여건 개선을 위한 방안으로 전 국민의 80%를 차지하는 도시민에게 눈을 돌리기 시작하였다. 국가 기반산업으로서의 농업을 지속, 발전시키기 위한 개선책은 국민 대다수인 도시민이 농업을 새롭게 인식해야 함을 강조한 것이었다. 2001년 2월에 발표된 농촌진흥청 개혁안에서 밝힌 제안은 도시민이 실천하는 도시농업 초기를 담고 있다. 도시환경에서 쉽게 실천할 수 있는 농업과 실생활에 뿌리내리는 농업으로 새로운 인식을 이끌어냈다. 이와 같은 맥락으로 우리 사회에 필요한 농업의 접근과 실행을 위한 노력을 기울여 왔으며 2005년에는 '도시민의 도시농업 실행'이라는 개혁추진 과제가 채택되기에 이르렀다.

도시(생활) 농업 육성방안(농촌진흥청 개혁안, 2001. 2.)은 농업의 현황 및 문제점을 제기하고 농업의 개선방안과 사업, 도시농업의 시행과 그 기대효과를 제안하고 있다. 도시화가 진행되면서 농업인구가 줄어들고 농업의 지속적인 생산을 위한 농촌의 환경적 가치를 인식하기 시작하였다. 따라서 농업이 축소되는 현실적 상황에서 정부에서 도시화에 따른 농촌지도사업에 전반적인 방향전환의 필요를 인식하였다. 이에 대한 농업의 개선방안으로 제기한 것은 농업의 중요성을 인식하고 농업과 자연이 조화를 이루는 소득원으로 농업인과 도시민이 함께 잘사는 농업이었다.

채소나 동물 기르기 등의 농촌 체험을 통해 농촌에 대하여 공감하는 도시민의 농심화 사업이 제시되었고 젊은 세대들에게 농업을 알리기 위한 농가와 학교의 교류와 도시 지역마을 공동체와의 연계, 사이버공간을 통한 농촌 체험 홍보, 농업기술센터의 개방으로 구성된 농업 홍보사업으로 구성되었다. 더 나아가서는 가정에서 실행할 수 있는 아파트 베란다, 옥상 등을 이용한 도시민의 도시형 농업의 창출이 제시되었다. 농촌의 고향화 사업은 대도시 주변에서 친환경 신선 농산물 직거래 판매와 장담그기 등의 향토문화 맥잇기 사업, 특산지 주산지형 사업으로 농산물을 직접 채취할 수 있는 기회제공과 자연학습원을 유지하는 것이다. 이러한 농업의 영역확대와 개선방안을 통해 전국민이 국가 기반산업인 농업의 의미를 알게 하여 더욱 안정적인 국가 발전을 도모하고자 하였다.

도시농업의 현실적 여건 인식과 프로그램 계획, 문제점 및 개선사항 등의 계속적인 연구와 노력을 통하여 2005년에는 '전 국민이 즐길 수 있는 도시농업 기술개발 보급'을 위한 과제가 농촌진흥청에서 채택되었다. 도시농업은 도시민이 아파트, 뒤뜰, 옥상, 도로변, 공터 등의 모든 도시공간에서의 농업활동과 농촌에서 농업활동을 하는 것으로 정의한다. 농업인구가 감소하고 농촌 인력의 노령화로 인해 농업기반이 취약한 농촌의 실정과 함께 경제성장에 따라 안전한 농축산물의 요구도 증가, 주 5일 근무제 확대로 도시민의 건전하고 생산적인 여가활동이 필요한 사회적 배경으로 그 필요를 더욱 느끼게 되었다. 실천안으로 제시한 것은 젊은 층에게 농업활동의 기회를 제공하여 농업이 생명산업임을 재인식하게 하고 농사경험이 있는 노인층과 귀농을 희망하는 장년층에게 영농기반을 마련하여 일자리를 제공함으로써 노인문제와 실업을 해소하는 것이다.

이를 위해 아파트나 사무실, 옥상, 지하철, 공터 등 도시지역에 적용할 수 있는 영농기술과 공동체정원 프로그램 개발이 필요하다. 도시농업을 통하여 도시의 미기후도 조절하여 도시환경에도 기여할 수 있음을 널리 알려야 하며, 농업인과 도시민이 대등한 관계로 유기적 연결고리를 만들어 진행하여 기업, 대학, 학교, 종교단체 등에서의 실행을 위한 사업예산 확보를 통해 확산을 유도해야 한다. 이와 같은 도시농업의 정책적 실행 방안은 전 국민이 즐길 수 있는 건전하고 생산적인 여가활동을 제시하고 있다. 그리고 농업인과 도시민이 더불어 잘사는 사회를 만들어 삶의 질을 향상시키는 효과를 기대할 수 있다.

농업과 관련된 다양한 분야에서 도시농업의 강점은 국가 기반산업으로 지속적인 유지 및 발전이 요구되는 당위성이 존재하며, 새롭게 태어나는 농업에 견인차 역할을 할 수 있는 시대적 요청이 존재한다. 또한 농촌 인구 감소와 농업인의 노령화 등 농촌 인력구조 개선의 방안은 도시민에게서 찾을 수 있기 때문이다. 그러나 농업이 힘들고, 어려우며, 경제성이 없는 일로 인식하는 사양산업이라는 이미지가 있다. 또한 도시형 농업활동을 위한 프로그램 및 기술개발이 미진하고, 농사를 체험할 수 있는 도시 내의 공간 부족이 약점으로 존재한다.

그러나 도시농업에서 기회가 되는 점은 현재 우리 사회를 이끌어나가는 핵심 인력과 동시에 조직개편으로 불안정한 위치에 있는 40대 이상의 인구는 대부분 농사 경험을 갖고 있는 것이다. 또한 전국적으로 안전한 농산물 공급에 대한 욕구가 증가하며, 주 5일 근무제 확대로 여가를 생산적으로 활용할 수 있는 기대 분야로 부상하고 있다. 이를 위해 우리가 고려해야 할 위협사항은 정무, 대학, 교육계, 국민 대다수가 도시농업을 생소하게 여기고 있으며, 학문적 기초 자료가 부족하다는 점이다.

농업 분야에서 도시농업 SWOT 분석

강점(Strength)	**약점**(Weakness)
• 국가 기간산업으로 지속이 요구되는 농업의 당위성 존재 • 새로운 농업으로 태어나는 농업의 르네상스가 요구되는 시대적 요청 • 도시는 농촌 인력구조 개선의 해답이 될 수 있는 잉여인력 보유	• 농업이 힘들고, 어려우며, 경제성이 없는 사향산업이라는 인식 • 도시형 농업활동의 프로그램 및 기술개발 미진 • 도시에서 농사를 체험할 수 있는 공간의 절대적 부족
기회(Opportunity)	**위협**(Threat)
• 우리 사회를 선도하는 계층임과 동시에 조직개편 등으로 입지 불안을 느끼는 40대 이상의 인구가 농사경험을 갖고 있음 • 경제성장으로 안전한 농산물 공급 욕구 상승 • 농업이 주 5일 근무제 확대로 여가시간을 생산적으로 활용할 수 있는 기대 분야로 부상	• 농산물시장 개방으로 농업경쟁력 약화 • 정부, 대학, 교육계, 대다수의 국민에게 도시농업은 생소하며 체험의 기회가 없었음 • 도시농업과 관련된 학문적 기초 자료가 부족 • 농업농촌기본법, 농촌진흥법, 농림어업의 삶의 질 향상 및 농산어촌 지역개발 촉진에 관한 특별법, 초·중등교육법 등 관련 법령이 농촌과 농업인 대상임

도시농업을 활성화시키기 위해 농림 분야에서는 식물이 인간에게 주는 삶의 질 향상 관련 연구비, 도시에서 농업활동을 할 수 있는 교육 공간을 지원해야 할 것이다. 또한 농업활동 프로그램을 운영할 수 있는 농촌 및 도심 인력 양성, 도농교류 사업 지원, 공원 조성과 생활공간 정원 지원, 도시민의 사회복지와 고령화 시대의 노인복지 일환으로 실행할 수 있는 농지 임대 등 농림예산 중 5%를 도시농업에 투자하면 우리나라가 도·농간 균형이 잡히고 농업의 르네상스 실현이 가능할 것이다.

교육인적자원 분야에서는 취학 전 아동의 농업활동 프로그램으로 농업을 이해하는 성인으로 성장할 수 있도록 도와야 하고, 초등학교 특기적성 프로그램과 중·고등학생의 특별활동 프로그램, 대학 농업활동 교과편성과 전문가 육성으로 농업활동을 권장하는 교육정책이 필요하다.

보건복지 분야에서는 사회복지시설, 병원에서 농업활동 프로그램을 운영할 수 있는 운영비를 지원하고, 사회복지시설, 보건소와 농업기술센터가 Co-work 시스템을 조장하며, 농업활동 프로그램 도입으로 노인들에게는 농업 수확물을 경제적으로 도움이 되게 하고, 실업자에게는 일자리를 제공하는 기회가 주어져야 할 것이다.

건설교통 분야에서는 인간과 식물의 공존하는 실내외 주거 및 생활공간에 식물이 심겨져 사람이 삶의 질 향상과 친환경이고 공익적인 차원에서 도시 및 건물의 일정 공간에 대한 녹지화를 제도적으로 도입 법제화가 필요하다.

환경 분야에서는 도시공간에 친환경 사업 전개, 제도적 지원이 요구된다.

국방 분야에서는 장병들이 반찬의 일부와 간식 자급하기 농업활동 프로그램을 도입하여 시행한다면, 긴장된 병영생활에서 작목재배를 통해 스트레스 완화와 심리적 안정감을 얻는 기회가 될 것이다.

여성 분야에서는 여성에게 알맞은 농업활동 프로그램 도입, 도시농업 전문가 양성 및 일자리 창출을 유도하고, 창업으로 이어질 수 있는 도시농업 교육으로 여성 인력의 사회 진출을 장려할 수 있다.

국세 분야에서는 도시농업 실천 기업에게 세제 혜택 도입을 통하여 도시농업 활성화의 기회를 제공할 수 있다.

산림 분야에서는 도시민에게 산림을 즐길 수 있는 프로그램 개발과 공간제공이 필요하다.

농촌진흥 관련 분야에서는 인간과 식물, 환경이 조화로운 도시농업의 개발보급을 적극적으로 추진한다면, 농업의 영역 확대와 농업 관련 기관, 대학 등의 정체성을 회복할 수 있는 절호의 기회가 되리라고 생각된다.

전 국민을 위한 교양농업교육

교양농업교육이란 일상생활에서 민주시민으로서 지녀야 할 식품 및 섬유에 관한 지식, 기능 및 태도 함양을 위해 제공되는 교양 차원의 교육이라고 정의된다. 우리에게 교양농업교육은 국가 기반산업임과 동시에 우리 삶의 바탕이 되는 농업에 대한 중요성을 알게 하며, 환경과의 관계, 건강을 위한 안전한 먹거리 공급, 공동체 형성을 위한 농업 활용까지 생각할 수 있다. 도시농업을 체험하여 얻는 다양한 경험과 사회를 구성하는 각 분야를 통합한 교양농업교육을 통해 우리는 풍요로운 사회건설의 초석을 다질 수 있다.

농업은 문명 발달의 근본이 되며, 그 위에 다양한 학문이 발전된 학문의 기초이다. 수학과 과학, 측량술과 관개시설을 위한 건축, 풍작을 기원하는 예술과 종교의식, 분배를 위한 사회제도, 생산물을 이용한 각종 요리법에 이르는 문화 구성과 과학기술, 사회체계 전반에 걸친 학문의 정립에는 농업이 바탕을 이루고 있다. 빠르게 변화하는 현대 생활에서 농업을 이해하는 것은 변하지 않는 가치관과 원칙을 배울 수 있는 기회가 된다.

지구에 살고 있는 우리는 중력의 법칙에 의해 발을 딛고 살아갈 수 있고, 지구의 자전으로 아침과 저녁이 있는 시간에 생활을 하며, 봄, 여름, 가을, 겨울이라는 계절에 맞추어 작물을 재배하고 수확하고 있다. 이와 마찬가지로 사회와 학문의 바탕이 되는 농업은 우리 삶이 의지하고 있는 자연의 법칙을 깨닫게 한다. 현대를 살아가는 우리, 특히 도시민들에게 교양농업교육이 지니는 중요성은 여기에 있다. 즉, 빠르게 변화하는 과학기술과 사회가치, 경제상황에서 오랫동안 변하지 않는 가치를 제공하는 농업을 이해함으로써 민주 시민이 지녀야 할 현명한 소비생활, 정치·경제적 견해의 확립, 전통문화의 현대적 적용 등 기본이 튼튼한 지식과 태도 함양을 이룩할 수 있다.

도시농업은 갈지 않은 밭보다 부드럽게 갈아 놓은 밭에서 싹이 더 잘 나오듯이 농업에 대한 이해를 돕는다. 식물과 동물을 양육하고 생산물을 이용하며, 농업과 관련된 문화 체험을 함께하는 것은 도시민의 삶과 떨어져 존재하는 농업이 아닌, 우리 삶에 녹아 있는 농업으로 받아들일 수 있는 태도 형성에 기여한다.

또한 인간이 아닌 자연의 다른 생명체와 함께하는 생활을 통해 우리가 잊고 있었던 자연의 흐름과 관계, 법칙, 질서 등을 알게 되며, 그것의 중요성을 생각해 보는 계기를 마련해 준다. 이 과정 속에서 우리는 생태를 읽으며, 지속가능한 사회건설을 위한 기초 소양을 지니게 된다. 지구는 우리 삶의 터전이다. 우리 아이들을 위해 지속적인 세상을 만들어 내는 것은 미래세대를 위한 기성세대의 임무다.

이를 위해 알아야 할 것은 생명이 지속되는 데 반드시 필요한 여섯 가지 생태원리가 있다. 앞장에서 언급한 여섯 가지 원리는 네트워크, 순환, 태양에너지, 파트너십, 다양성 그리고 역동적 균형이다. 이 원리들은 우리 건강이나 행복과 직접적으로 관련이 있으며, 숨을 쉬고 먹고 마셔야 하기 때문에 우리는 자연의 순환과정에서 잠시도 벗어날 수 없다. 우리 건강은 호흡하는 공기와 마시는 물에 달려 있다. 또한 먹을거리를 만들어 내는 땅의 건강도 우리 건강을 좌우한다. 결국 우리가 지속가능한 사회를 만들어가며 건강하게 살아가기 위해서는 자연이 보여 주는 법칙, 생태계를 읽어내는 능력, 즉 생태계의 기본원리를 이해해서 삶에 적용하는 능력에 달려 있으며, 이는 도시농업을 통해 우리가 얻을 수 있다.

도시민에게 점점 부족해지는 농업과 관련된 기본 소양 및 태도 함양을 위한 도시농업의 기여는 교양농업교육을 위한 중요한 기회가 된다. 식탁 위에 올려진 감자요리가 밭에서 키우고 캐낸 감자와 같다는 사실보다는 슈퍼마켓에서 구입하는 감자만을 생각하기 쉬운 도시의 아이들이 땅과 사람의 땀과 노력이 합쳐진 소중한 결실이라는 이해는 새로운 미래를 열어가는 데 중요한 열쇠가 된다. 농업과 관련된 즐겁고 재미있는 체험은 삶에 자신감을 갖고, 생명을 소중히 여기며 환경을 보전하기 위한 관심을 적극적으로 표현하도록 한다. 이와 같은 긍정적 태도 형성을 토대로 경제 시스템, 정치적 관리, 사회적 영향력을 알아가도록 이끄는 교양농업교육은 현재 제도권 내의 학교교육에서뿐만 아니라, 전 국민, 전연령층을 대상으로 확장되어야 할 것이다.

현재 우리나라에서 실행되는 교양농업교육은 초 · 중 · 고등학교에 국한되어 진행되고 있다. 학교 교양농업교육은 '농업에 관한 실제적 기능이나 지식의 습득과 농업 및 농촌 발전에 대한 태도의 함양, 직업 관련 지식과 능력 등의 습득' 에 있으며, '민주 시민으로서 지녀야 할 농업에 관한 최소한의 지식, 기능 및 긍정적 태도를 겸비한 사람으로서 농업에 관해 계속 교육을 추구하거나, 농산물의 소비자로서 현명한 소비생활을 영위하고, 유권자로서 농업 및 농촌 개발 정책의 형성 과정에 참여할 수 있으며, 비록 교양농업교과를 수강할 당시에는 계획하지 않았더라도 나중에 기회가 있을 때 농사일을 한다거나 농업 관련직에 종사할 수 있는 교양농업인 양성' 을 위한 교육으로 해석되고 있다.[1)]

특정 연령층에 국한되지 않고 전 연령층이 생활 속에서 함께 즐길 수 있는 도시농업과 같은 맥락으로 교양농업교육 또한 학교에서 이루어지는 것에서 확장되어야 한다. 위에서 언급한 바와 같이 교양농업교육의 필요성은 건강한 사회 건설을 위해 우리가 갖추어야 할 기본 태도 및 지식, 능력의 습득이다. 따라서 교양농업교육은 전생애 교육(life-long education)으로 이루어져야 하며, 유아부터 노년층까지 포함한 교육으로 발전해야 한다.

전생애 교육으로서 교양농업교육은 도시농업 경험을 통합하여 일관된 정보 및 능력 개발 프로그램 마련에서 각 연령층에 적합한 교육과정 정

1) 나승일(1997). 초등실과교육 연구의 내용과 방향. 한국실과교육학회지, 10(1), 43-62.

립에 이르는 전문적인 개발과정이 있어야 한다. 전생애 교육으로서 교양농업교육 체계 마련을 위한 탐색은 교양농업교육의 핵심을 '농업문해(Agricultureal Literacy)' 로 표명한 국외 사례에서 출발할 수 있다.

미국의 경우, 농업문해로 이루어지는 교양농업교육에서 문해의 내용은 '농업의 중요성, 농업 정책, 농업과 환경의 관계, 동물 생산, 식물 생산, 농산물 가공, 농산물 유통' 이다. 모든 시민이 매일 식탁에서 접하는 여러 음식물을 기초로 광범위한 과학적 지식과 사회시스템에 관련된 이해가 주요 내용이 되고 있다. 문자해독 능력의 의미로 쓰이는 문해(literacy)는 의미를 구성하고 해석하며, 전달하고 전달받는 활동으로 정의된다. 이는 단지 지식을 습득하는 것에서 그치지 않고 자신이 필요한 정보, 유용하고 가치 있는 정보를 판별할 수 있는 능력을 포함한다. 또한 그 정보를 해석하고 평가하며, 재구성하여 적절하게 활용함으로써 문제상황을 해결하거나 다른 사람에게 정보를 효과적으로 전달할 줄 아는 능력을 의미한다.

즉, 농업문해 교육을 통해 얻게 되는 문해는 평생에 걸쳐 접근할 수 있는 정보를 효율적으로 삶에 활용할 수 있는 능력 개발이 중심이 된다. 미국 위스콘신 주정부 교육부가 주도한 '정보 및 기술 리터러시를 위한 학력표준모델' 연구 프로젝트에서는 "오늘날의 사회는 미증유의 지식정보 폭발 사태를 목격하고 있다. 매 3~5년마다 정보의 양이 두 배 이상 증가하는 환경, 예전에는 제한적으로 접근 가능하였던 정보 자원에 보다 많은 사람이 자유롭게 접근할 수 있는 기술이 날로 발전하는 환경에서, 학생들은 어려운 도전에 직면하고 있음과 동시에 전인미답의 새로운 기회에도 직면하고 있다. 미래의 성공적인 학생, 근로자, 시민, 그것은 스스로 주도하는 평생학습자다."라고 밝혔다.[2)]

평생학습자를 지향하는 교양농업교육은 도시농업 체험을 통해 얻게

2) 표정훈(2003). 책은 나름의 운명을 지닌다. 궁리.

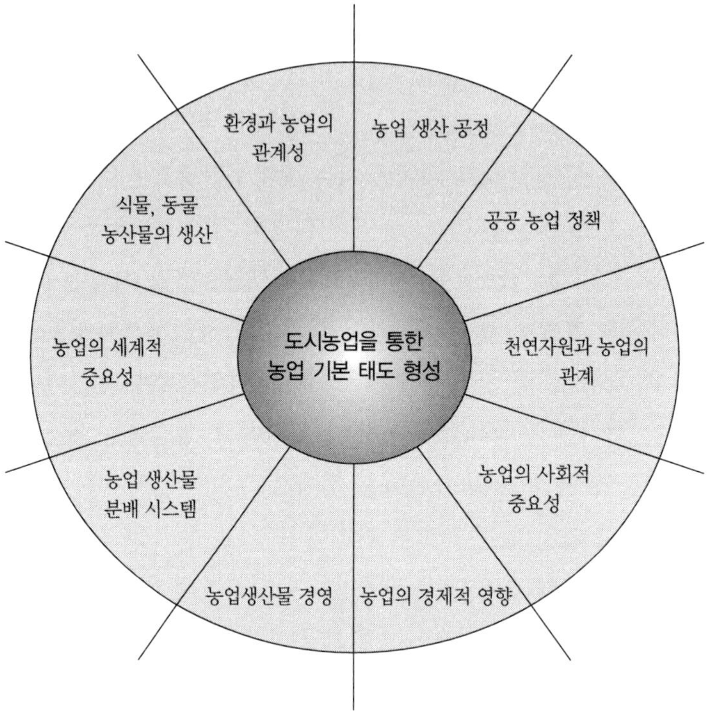

[그림 10-1] 교양농업교육의 도시농업 관련성 및 주제 분야

된 농업 태도에 바탕을 두고, 농업과 관련된 다양한 학문 분야 간 접목 및 활용을 알아가는 것으로 확장되어야 한다. 식물과 동물의 재배 및 양육과 생산물의 생산, 이용에 그치는 교육이 아니라, 생활 속에서 의미를 새롭게 창조해 낼 수 있는 생활 전반에 걸쳐 나타난 농업 관련성을 주제로 삼아야 할 것이다. 여기에는 환경과 농업의 관계성, 농업 생산 공정, 공공 농업 정책, 천연자원과 농업의 관계, 농업의 사회적 중요성, 농업의 경제적 영향, 농업 생산물 경영, 농업 생산물 분배 시스템, 식물과 동물 생산물의 생산, 농업의 세계적 중요성 등의 주제들을 포함해야 한다.

도시농업에서 확장되어 이루어지는 교양농업교육의 주제들은 앞서 설명된 도시농업의 유익과 연결성을 지니고 있다. 체험이 바탕이 되는 농업과 관련된 이로운 점들은 사회의 기반산업으로서 농업이 지닌 관계성

〈표 10-1〉 교양농업교육의 주제 및 하위 항목

교양농업교육 주제	각 주제에 해당하는 하위 항목	
환경과 농업의 관계성	• 환경에 대한 농업의 효과 • 의견과 관점 • 환경에 대한 농업의 긍정적인 효과	• 화학물질 • 농업과 환경의 닫힌 관계 • 지속적인 농업
농업 생산 공정	• 공정의 단계와 복합 • 과정의 중요성과 부가생산물의 가치	• 식량 안보 • 생산 개발과 기술
공공 농업 정책	• 산업에 대한 정부 정책의 영향 • 농업 정책에 관련된 정부의 역할과 제한	
천연자원과 농업의 관계	• 자연자원의 보존 • 농업과 천연자원 간의 종속적인 관계 • 농업의 중요성	• 지속적인 농업 • 농업의 지위 • 천연 자원의 오염과 고갈
농업의 사회적 중요성	• 사회적 인식 부족 • 사회에 대한 농업의 효과 • 농촌에서의 생활	• 사회적 이득 • 식량 효율
농업의 경제적 영향	• 거시경제학/ 미시경제학 • 농장 관리	• 경제적 이득과 식량비용
농업생산물 경영	• 시장경제에서의 농업의 기능 • 마케팅 계획과 전략	• 대중의 인식 • 전 세계적 마케팅
농업 생산물 분배 시스템	• 분배시스템과 중요성 • 세계적 분배와 기아 • 분배의 비용	• 분배의 효용 • 분배 분할 고용
식물과 동물 농산물의 생산	• 소비자 이해 • 다양한 동물종의 이용과 역할 • 생물공학과 유전학 • 축산	• 온실/정원 • 식물의 이용과 양육 • 작물학의 실제 • 생물공학, 식물학, 유전학
농업의 세계적 중요성	• 세계적 식량 경제 • 세계적 기아와 식량 분배	• 기술과 대학 연구 • 세계 정책/ 사회학

및 중요성으로 확장되어 이해될 때, 생활 속에 녹아 있는 농업교육이 된다. 각각의 주제가 담고 있는 하위 항목들은 이와 같은 맥락에서 심화되어 구성될 수 있다.

도시농업을 토대로 발전된 교양농업교육은 농업인에게는 산업발전을 위한 교육이 될 수 있으며, 농업 관련 체험이 적은 도시민에게는 도시와 농촌에서 진행되는 농업활동을 통해 긍정적 태도 및 생활과 밀접한 연관을 맺은 농업 인식을 바탕으로 민주 시민으로서의 자질을 갖추는 교육이 될 것이다.

생활 속 도시농업 정착을 위한 도시농업 교육센터

도시농업의 이로운 점은 실행하는 개인에서 지역적 차원, 국가적 차원, 지구적 차원으로 확대될 수 있는 잠재력을 지니고 있다. 가정 내에서 작은 화분을 키우는 것에서, 아파트 단지나 동네 주민들이 모여 공동체정원을 가꾸고, 지역주민의 참여로 공원 녹지를 활용하며 농촌으로 찾아가는 다양한 체험을 포함하는 것이 도시농업이다. 여기에는 유익뿐만 아니라 즐거움과 보람을 느낄 수 있는 요소를 포함하고 있다. 도시농업이 국민의 생활 속에 정착하기 위해서는 전문적인 지원체계가 필요하다. 작게는 식물과 동물을 키우는 것에서 문제점 해결을 위한 조언, 교양농업교육으로 확장되기 위한 전문지식의 공유, 즐거운 활동의 지속적인 체험, 공동체 형성, 직업연계 프로그램 등 다양한 지원체계를 마련할 때 도시농업은 빠르게 도시민의 삶에 뿌리를 내리고 정착할 수 있다.

■ 서울시 농업기술센터의 도시농업팀 사업추진 사례

2005년 1월 25일 서울시 농업기술센터에 새롭게 설치된 도시농업팀은 시민들의 정서함양에 기여하고, 여성의 잠재력을 키우기 위한 각종 사업을 추진하였다. 각 사업들은 시민들의 높은 호응도와 좋은 반응을 얻으며, 사업의 다각화를 모색하고 있다.

■ 추진 세부 사업

1) 가정원예식물병원 운영
   공동주택을 순회하며 각종 병해충을 진단하고 식물 재배와 관리방법 시연
2) 시민과 함께하는 텃밭 가꾸기 사업 지도
   여가선용과 친환경 농사 체험의 기회를 제공하고 우리 농업에 대한 이해와 농산물 사용 촉진을 위해 시민들에게 텃밭을 임대하고 재배 관련 교육 실시
3) 전통음식 상설교육장 및 규방공예 기술 전수
   우리 고유 음식 보급으로 바람직한 식생활 문화 형성과 전통 계승을 위한 상설 교육
4) 수확기 맞은 매실 가공 교육
   매실의 각종 이용방법을 소개하는 무료강좌 진행
5) 추억의 손모내기 행사 추진
   어린이집 아동을 대상으로 한 모내기 행사 진행
6) 책 속에서만 볼 수 있는 식물의 유전자원 전시포 전시
   초 · 중 · 고등학교 과학 교재에 실린 식물을 전시하여 체험학습에 도움

이 같은 맥락에서 위의 서울시 농업기술센터의 도시농업팀 사업추진사례는 도시농업 정착을 위한 센터 구성에 좋은 바탕을 제공한다. 국가적 차원에서 시민들의 삶에 뿌리를 내리는 농업을 만들어 나가며, 삶의 질 향상과 정서함양 그리고 흥미유발 등 다양한 측면의 효과를 얻기 때문이다.

사진: 일본 도쿄도 도시농업공원
도쿄 도심지에서 30분 떨어진 곳에 위치한 도시농업공원은 도시민에게 휴식처가 되어 준다. 농업을 체험할 수 있는 다양한 기회를 제공함으로써 도시민들이 쉽고 재미있게 농업을 배우고 즐길 수 있으며, 자연 가까이에서 휴식을 취할 수 있는 유용한 공간이다.

도시농업의 전 국민적 실천을 위해 마련할 수 있는 지원체계는 교육센터의 설치다. 현재 도시농업이 활성화된 일본이나 쿠바 아바나의 사례를 살펴보면 도시농업의 정착과 활성화에 기여한 도시농업 관련 센터 및 컨설팅 숍이 마련되어 있다. 일본에서는 도시민의 휴식과 다각적인 농업체험 및 활용 정착을 위한 조언을 담당하는 도시농업공원이 설치되어 있

사진: 도시농업공원에서 진행되는 아동을 위한 체험 이벤트
부모와 함께 방문한 아동들을 위해, 센터에 마련된 실습 공간에서 만들기 활동을 진행하고 있다. 아동을 위한 프로그램은 주로 만들기, 관찰하기, 그리기가 많이 진행되며, 주로 공원 내에서 수집할 수 있는 식물 재료를 이용하고 있다.

다. 도쿄의 외곽에 위치하는 도시농업공원은 '자연과 어울리면서, 자연을 배우고, 자연과 함께 살아간다'는 주제로 만들었다. 농작업이나 자연관찰 등 자연과의 접촉을 통해 자연의 섭리를 이해하는 기회제공을 목적으로 설립하였다.

공원 내에는 센터가 있어 각종 프로그램과 이벤트를 통해 도시민들이 생활 속에서 도시농업을 즐기도록 도와주는 역할을 담당하고 있다. 다양한 프로그램은 아동에서 노년층까지 다양한 연령층을 대상으로 운영하는데, 아동을 위해 만들기 체험, 자연생태학습, 재배 체험, 수확 체험 등을 진행하고 있다. 성인 및 노년층을 대상으로는 공방을 마련하여 지공예, 지풀공예, 염색, 요리하기, 허브를 이용한 각종 만들기 등 각종 농업생산물의 이용과 관련된 프로그램을 정기적으로 실행하고 있다.

또한 계절 변화와 함께하는 농업을 테마로 한 이벤트를 진행하고 있다. 예를 들어, 감자 수확기에는 약간의 참가비를 내고 감자 캐기 이벤트에 참여할 수 있도록 하였다. 한편, 도시민이 농업을 실행할 때 생기는 문제점 해결을 도와줄 수 있는 식물 상담소를 설치했으며, 센터 내에는 농업에 기반을 둔 전통문화시설 및 장비를 전시함으로써 전통문화 계승

사진: 일본 도쿄 도 도시농업공원에 있는 식물상담소와 감자 캐기 이벤트
식물상담소는 도시민들이 농업을 즐기며 느끼는 각종 의문점과 문제점을 해결하는 데 조언을 구할 수 있는 전문가가 상주하는 곳이다. 여기에서는 각종 식물 관련 정보를 얻을 수 있으며, 식물을 이용한 생산물을 전시하고 있다. 공원 내 감자 텃밭에서 진행된 감자 캐기 이벤트는 약간의 참여비로 체험할 수 있는 이벤트다.

〈표 10-2〉 도시농업센터 운영 사례 1 – 일본 도시농업공원

도쿄 도에 위치한 도시농업공원 운영 사례
• 도시민을 대상으로 한 각종 프로그램 진행 • 계절 변화와 함께하는 농업을 테마로 한 이벤트 진행 • 농업에 기반을 둔 전통문화시설 및 장비 전시로 전통문화 계승 • 식물상담소 운영을 통한 도시민의 농업 실행 조력 • 인터넷을 활용한 식물 관련 정보 제공을 통한 도시민 방문 유도 • 자연과 더불어 편안한 휴식을 제공하는 각종 편의시설 설치

을 담당하고 있다. 자연과 더불어 재미있고 편안한 휴식을 제공할 수 있는 각종 편의시설을 설치하고 있고, 인터넷을 활용한 식물 관련 정보를 제공함으로써 도시민 방문을 유도하고 있다.

일본 도심 내에서 농업 활성화를 위한 또 다른 형태의 센터는 도쿄 시내 한 빌딩의 지하에 위치한 채소공장이 있다. 한 인재컨설팅 회사에서 시도한 채소공장은 농업이 모든 산업의 근본임에 바탕을 두고 시작하였다. 도시민들이 쉽게 느낄 수 없는 농업에 대한 미래성과 신선함, 특히 젊은 청년층에게 농업을 비전 있고, 과학적이며 흥미롭게 느낄 수 있도록 최근에 설치되었다. 또한 지하에서 재배되는 각종 식물을 재료로 신선한

사진: 일본 도쿄 도심에 위치한 채소공장
도시 젊은층을 위해 감각적인 실내 디자인으로 꾸몄으며, 여러 개의 전시실을 마련하여 도시에서 적용될 수 있는 첨단농업의 모습을 보여 주고 있다.

사진: 채소공장에서 전시 중인 지하 공간에서의 농업
빛과 온도를 조절하여 지하에서 벼와 토마토를 재배하고 있다. 농업의 첨단화 모습과 더불어 도시에 적용할 수 있는 각종 재배 기술을 전시함으로써 흥미 유발과 직업 연계를 촉진하는 역할을 담당하고 있다.

샐러드를 무료로 제공함으로써 젊은층에게 많은 호응을 얻고 있다.

이 채소공장의 기본 방향은 농업에 젊고 유능한 인재를 확보하고 고용 창출을 통해 활력 있는 농업이 되는 데 있다. 우수하면서 의욕적인 인재가 농업으로 유입되기 위해, 주요 타깃이 도시의 젊은 청년들이다. 감각적인 실내 구성으로 흥미를 유발함과 동시에 도시환경 내에서 활용할 수 있는 각종 식물재배 기술연구 및 전시를 통해 미래 농업을 이끌어 나갈 흐름 창조에 기여하고 있다. 또한 농업에 대한 흥미 유발에서 그치는 것이 아니라, 농촌과 연계한 교육 프로그램을 통해 인재를 육성하여 미래 농업을 이끌어 나갈 리더를 양성하고 있다.

〈표 10-3〉 도시농업센터 운영 사례 2 - 도쿄 시내 채소공장

도쿄 시내 빌딩 지하에 설치된 채소공장
• 도시 젊은 청년을 주요 타깃으로 감각적 실내 디자인 구성으로 흥미 유발 • 지하에 마련된 야채 재배 시설 및 수확 식물을 활용한 샐러드 무료 시식 등으로 인기 • 도시환경 내에서 활용할 수 있는 식물재배 기술연구 및 전시 • 농촌과 연계된 교육 프로그램 진행으로 인재 육성

〈표 10-4〉 도시농업센터 운영 사례 3 - 쿠바 아바나 컨설팅 숍

쿠바 아바나의 컨설팅 숍(지속가능한 농업지원센터)
• 농업 관련 전문가 상주로 도시민의 농업 실행 상담 및 자문 역할 담당 • 전문 도서관 구비로 기술 및 지식 보급에 기여 • 지속가능한 농업을 위한 기자재 및 식물 판매 • 세미나 개최 및 연구 모임, 정보교환, 교육 장소 활용을 위한 회의실 운영

국가적 차원의 지원으로 도시농업이 활발하게 진행되는 쿠바의 아바나는 약 48개의 컨설팅 숍이 운영되고 있다. 시민농장과 자급텃밭을 지원하기 위해 마련된 이 숍은 초기 농업부가 주도하여 운영하였으나 현재 기업이 운영하고 있다. 기본적으로 컨설팅 숍은 농업 전문가가 상주하면서 시민들이 농업을 실행하면서 겪는 어려움을 논의하거나, 새로운 기술 적용을 지도하는 등의 역할을 담당하고 있다. 또한 전문 도서관을 구비한 숍이 있으며, 이를 통해 새로운 배움의 기회 및 전문 기술 보급에 기여하고 있다. 숍의 또 다른 역할은 농업 관련 자재 판매로 지속가능한 농업을 위한 친환경 비료 및 바이오 농약 판매, 식물 묘목 판매 등을 담당하고 있다. 이와 함께 회의실을 마련하여 세미나를 개최하거나, 연구 모임을 마련하여 정보 교환 및 교육의 중심지로 활용되고 있다.

이와 같이 도시농업 활성화와 정착은 도시민의 자발적인 실천을 이끌 수 있는 교육기관의 설치가 필요하다. 현대 도시민이 잃어가는 자연과의 연결을 다시 이어주는 농업이 확산되기 위해, 기술적인 조언과 도움뿐만 아니라 교양농업교육으로 확대되고, 생활의 다양한 측면과 밀접하게 연결되는 농업에 대한 경험이 있어야 한다. 또한 농업체험을 공유하는 공동체의 형성과 직업적 진로 선택을 이끌어 주며, 도시민과 밀접하게 연결된 농업 활성화를 통해 새로운 일자리 창출의 효과를 이끌 수 있다. 해외 사례에서 볼 수 있듯이 도시민이 생활 속에서 농업을 실천하며 즐거움을 느낄 수 있도록 돕는 도시농업 교육센터는 다양한 기능을 담당해야 한다.

〈표 10-5〉 도시농업 교육센터 운영 요소 및 시설 요건

도시농업 교육센터 운영 기여 및 해당 요소	필요 시설
① 도시농업 및 다양한 농업 분야를 이끌어갈 인재 양성을 위한 **전문 리더 양성 코스 마련**	교육 시설
② 농촌에서 도시민을 교육시킬 인재 양성을 위한 **농부 선생님 양성 코스 마련**	교육 시설
③ 도시민 생활 속에 녹아드는 즐겁고 보람 있는 농업 활성화를 위한 **프로그램 및 이벤트 진행**	활동실
④ 도시 내 농업실천을 정착시킬 수 있는 새로운 기술 및 교육체계 **연구 개발 참여**	연구실
⑤ 지속가능한 농업 실천 향상을 위한 **자재 및 관련 상품 판매 숍 및 컨설팅**	판매실
⑥ 전문 기술 및 지식 보급, 교양농업교육 연계를 조력하는 **전문 도서관 설치**	도서관
⑦ 정보 교환 및 연구모임 활성화를 위한 **세미나 개최**	회의실
⑧ 도시민의 농업 관련 여가선용을 위한 **레크리에이션 장소 담당**	실내, 실외 정원 및 휴게 공간
⑨ 전통문화 계승 및 신기술 보급에 기여할 **전시공간 마련**	전시실
⑩ 도시민의 참여를 유도할 수 있는 **IT기술 활용**	IT 설비실

도시농업 교육센터는 도시민이 생활 속에서 쉽고 재미있게 농업을 실천하도록 흥미를 유발하는 공간이 된다. 동시에 실천 방안을 제시하며 활용 여건을 마련하는 선도적 기관의 역할을 담당하게 된다. 이를 통해 전 국민이 농업을 즐기며, 농업 관련 산업이 활성화됨으로써 새로운 일자리 창출을 이끌 것이다. 또한 도시의 젊은 청년들에게 미래가 있는 농업의 새로운 비전을 보여 줌으로써 패기 있고 활기찬 인재의 유입 효과

를 거둘 수 있을 것이다. 농업의 활성화는 지속가능한 사회 건설에 초석이 되며, 건전한 사회로 나아가는 큰 진보가 될 것이다. 여기에 도시농업 교육센터는 농업을 즐겁고 보람찬 일로 인식할 수 있도록 인재 육성에서 전 국민 농업 생활화, 농촌의 활성화 등 다양한 측면으로 기여하게 될 것이다.

발전을 위한 농업과 미래정원

농업은 우리가 지속가능한 발전을 지향해 나아가는 데 중요한 역할을 담당하고 있다. 지속가능성은 자연과의 조화로운 삶으로 달성하게 된다. 일상생활에서 자연을 접하기 어려운 도시민들의 삶에서 농업은 자연과의 교감을 이끌며, 조화를 추구하도록 이끌어 준다. 또한 종합학문으로서의 농업을 통해 농업이 우리 일상 모든 분야에 밀접하게 연결되었음을 알 수 있다. 모든 분야와 관련되고, 성장을 자극할 수 있는 농업이 전 국민의 80%를 차지하는 도시민의 생활에 녹아든다면, 우리 사회의 발전에 새로운 활로를 제공할 것이다.

전 국민의 도시농업 생활화와 관심은 농축산업의 지속적인 발전이 토대가 되어야 확산될 수 있다. 미래 농업의 형태는 도시환경의 특수성과 도시민의 생활패턴에 적합하도록 개발되어야 하며, 이것이 미래를 밝히는 실마리가 될 것이다. 또한 농업의 활성화는 각 분야의 산업의 발달과 국민의 편익을 제공할 것이다. 다음과 같은 미래시대의 새로운 정원을 통해 우리의 생활의 각 요소에서 필요를 채우는 도시농업을 제안한다.

주머니, 가방 속 정원

자동차 열쇠나 지갑, 핸드폰, 동전처럼 주머니 속에 늘 넣고 다닐 수 있는 정원을 만들 수 있다.

조직 배양(invitro) 방법으로 식물을 작은 유리 시험관에 파종하여 유리 정원을 소지품으로 가지고 다니며 자신의 식물을 돌본다.

꽃의 색과 모양을 그대로 유지하는 소지품으로의 건조화 정원을 이용할 수 있다.

매일의 일상에서 필요하고 소중한 소지품처럼 주머니나 가방 속에 정원이 있으므로 작은 기쁨을 맛볼 수 있다.

차 속 정원

차 속에서 많은 시간을 보내는 현대인들에게 차 안에서의 식물 기르기를 통해 여러 가지 유익을 얻을 수 있는 차 속 정원을 제안한다.

새집 증후군과 같이 새로 구입한 차에서도 포름알데히드 등의 휘발성 유기화합물(VOC)로 인해 두통이나 눈, 피부 통증을 호소하는 사람이 늘고 있다. 이른바 '새차 증후군' 때문이다. 이것은 차의 시트 등의 내장재로 쓰인 PVC, ABS 등과 같은 석유화학물질이 뿜어내는 유해성분으로 인해 발생한다. 탄화수소와 이산화탄소, 벤젠과 톨루엔의 경우 차량 내에 존재하는 양이 차량 외부의 도로에서 측정된 값보다 2~10배 많은 것으로 나타났다. 그러나 새차 증후군은 아직 실내 자재 사용과 유해물질 기준치에 대한 관련법이 마련되지 않아 운전자 스스로 예방하는 수밖에 없다. 환기를 자주 하는 것도 좋은 방법이 될 수 있으며, 차 안에 정원을 만들어 공기를 정화시키는 역할도 필요하다. 공기의 개선뿐만 아니라 지친 현대인들에게 살아있는 식물은 기분전환과 마음을 시원하게 해 줄 수 있다.

겨울철에는 영하 10도, 여름철에는 60도 이상 되는 차 속에서 정원이 유지되기 위해서는 정원에 온도 유지 장치를 부착하거나 열대원산, 한대원산의 식물을 선발하여 적응 후 이용하는 방법으로 차 속 작은 정원의 개발이 요구된다.

버스나 지하철, 비행기 등의 공공 교통수단에서 정원의 이용은 더욱 큰 효과를 얻을 수 있다.

식탁 위의 정원

즐거운 식사를 위해 음식의 맛을 더하고 상차림과 조화를 이루는 식물을 이용한 '테이블 세팅'이 이미 생활화되고 있다.

그러나 항상 식탁에 살아 있는 정원을 만들어 신선함이 가득한 식탁을 즐길 수 있다.

식탁이라는 공간의 특성을 고려하여 위생적인 식물 재배가 이루어져야 하며 활동에 불편을 주지 않는 작은 정원이 마련되어야 한다.

움직이는 정원

현재에도 상업공간에 식물을 이용한 장식을 많이 도입하며 행사 및 전시회에도 식물을 이용하여 분위기를 편안하게 연출하고 있다.

그러나 움직임 없이 고정된 정원의 개념을 뛰어넘어 앞으로는 회사 로비 공간에 회전하는 정원이나 음식점에 벽면을 타고 움직이는 정원이 확산될 수 있다.

하늘정원(무지개정원)

날씨와 상관 없이 하늘에 떠 있는 공중정원을 볼 수 있다. 삭막한 도심의 건물 사이에 무지개처럼 아름다운 꽃들이 핀 하늘정원이 펼쳐진다.

지상 공간을 이용한 도심의 공원이 확장되어 새로운 도심의 경관이 구성될 수 있다.

건물과 건물 사이 공간을 이용하여 매다는 정원을 꾸며볼 수 있으며 도시계획에 지표뿐만 아니라 공중의 공간도 이용될 수 있다.

공중의 채소재배는 물을 주는 번거로움이 없으며 도시의 자동차 매연 등에서 안전한 농산물을 얻을 수 있는 좋은 기회가 될 수 있다.

달나라정원

달나라와 화성에 식물이 살 수 있는지를 알아보려는 연구가 나사(NASA)에서 진행되어 왔다. 인간의 미지 공간에 대한 탐험 의지와 기술 발달과 더불어 도시농업을 통해 종합학문으로서의 농업을 발전시켜 우리나라도 머지않아 달나라에 무궁화를 꽃피울 날을 기대한다.

도시농업 시작을 알리며

도시농업은

누가(Who)	대한민국 모든 국민이
언제(When)	1년 365일 사계절 어느 때나
어디서(Where)	도시와 농촌 모든 곳에서 (안방, 거실, 식탁 위, 베란다, 옥상, 길가, 사무실, 복도, 교실, 백화점, 영화관, 노래방, 호텔, 회의장, 지하 공간 등)
왜(Why)	경제적, 사회문화적 유익과 환경의 질적 향상 그리고 농업인과 도시민이 더불어 잘 사는 균형잡힌 사회를 만들어 나가기 위해
무엇(What)	식물과 동물, 그리고 자연환경을
어떻게(How)	사랑하며 돌보고, 생산물을 활용하며, 보고 즐기는 활동이다.

우리 삶의 모든 측면에 긍정적인 효과를 얻을 수 있는 도시농업의 경제적 효과를 생각해 보았다. 식량자급률이 1% 올라가고 실내 공간에 식물을 놓으면 여름에는 실내온도가 2~3℃ 내려가고, 추운 겨울에는 2~3℃ 올라가며 건조한 방안에 습도를 적당하게 유지해 줌으로써 가족들의 건강을 지키는 가치는 아직 연구하지 않았지만 대단한 경제적 효과가 있을 것이다. 모든 학교 교실에 꽃을 놓는다면 학생들의 성적이 올라가고 결석률이 줄어들며 집중력이 향상될 수 있다. 그리고 도시공간의 식물, 옥상정원은 방음과 유해물질흡수, 온실 가스해소 등 실생활에서 우리가 느낄

수 있는 효과도 있다. 이웃들과 함께 하는 도시농업은 다시한번 우리 온 국민이 힘을 합쳐 2만 불 시대로 도약할 수 있는 사회결속의 기회가 될 것이다. 또한 눈에 보이지는 않지만 농업인의 자긍심이 높아지고 도시민의 심리적 안정감과 지적 만족감 등 도시농업으로 개인 모두 그리고 사회, 세계가 얻을 수 있는 이로움은 헤아릴 수 없을 정도라고 자부한다.

나아가 도시농업으로 완성되고 발전되어 갈 종합학문으로서의 농업을 토대로 먼 훗날 달나라에 무궁화 꽃을 피우는 날을 기대해 본다. 그리고 2002년 월드컵 4강을 이룰 때까지 우리가 외친 '꿈은 이루어진다' 는 말을 되새겨 '달나라에 무궁화 꽃을 피우고 싶다' 는 꿈을 많은 사람과 함께 나누는 그날을 그려 본다.

달나라에 무궁화 꽃을 피우고 싶다

밤 하늘에 떠 있는 둥근 달을 보며
옛날에 할머니가 내 손을 잡고 그랬네
달나라에는 토끼가 떡방아를 찧고 있다고
이젠 그 달나라에 무궁화 꽃을 피우고 싶다.

호랑이가 담배 피던 어린 시절 꿈이 있었네
달빛 흐르고 견우와 직녀가 은하수를 건너는 날에
오픈카를 타고 빌딩 숲 사이를 달리는 나를
이젠 저 달나라에 무궁화 꽃을 피우고 싶다.

달 달 무슨 달 우리집 베란다를 밝히는 달
친구네 옥상정원 호박 덩굴과 춤추는 달
도시에서 자연을 즐기며 행복의 달을 바라보자.
이제 우리 날나라에 무궁화 꽃을 피우자고

가장 작은 것으로
가장 큰 것을 느낄 수 있다.

뒷산에 내 이름이 쓰인 푯말이 있는 작은 밭이 하나 있습니다.

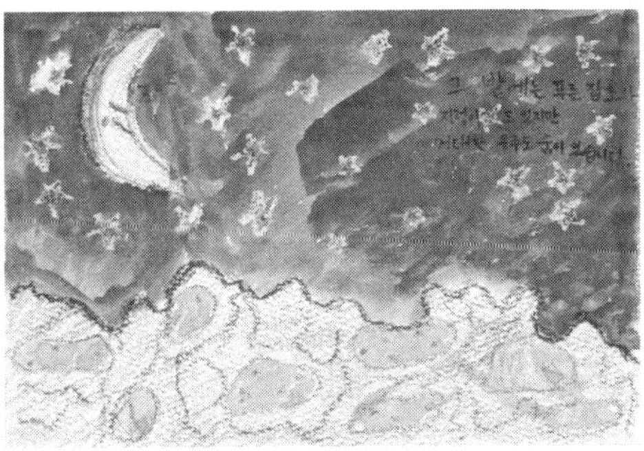

그 밭에는 푸른 잡초와 지렁이도 있지만 거대한 우주도 숨어 있습니다.

낮에는 엄마 같은 햇빛이 밭을 따스하게 덮어주고, 밤에는 아빠 같은 달빛이 지친 어깨로 안아 주니까요.

단지 몇 평밖에 되지 않는 내 작은 밭엔 몇 십 년이 될지 모르는 내 삶도 담겨 있습니다.

끊임없이 자라는 강인한 잡초를 뽑으며, 내 밭에 살고 있는 무를 가꾸며, 내가 살고 있는 세상과 비교해 봅니다.

생명수 같은 비는 목마른 식물들에게 시원한 물도 상쾌한 샤워도 주는 고마운 하늘의 선물입니다.

만약, 늘 있는 공기가 갑자기 사라진다면, 그 모든 식물과 난 이 세상에서 없어질 것입니다. 고마움도 모른 채…

기다리던 꽃은 아름다운 만큼 마음도 곱습니다. 자신을 희생하기 때문이죠.
왜 꽃은 영원히 피어있지 않을까요? 그건 세상에 더 많은 아름다움을 위해 양보하기 때문일 것입니다.

꽃이 진 자리엔 알찬 열매가 채워줍니다. 수많은 잡초와 곤충들의 공격을 겪은 과일은 더 달콤합니다. 자신을 지키기 위해 필사적으로 노력을 했겠지요.

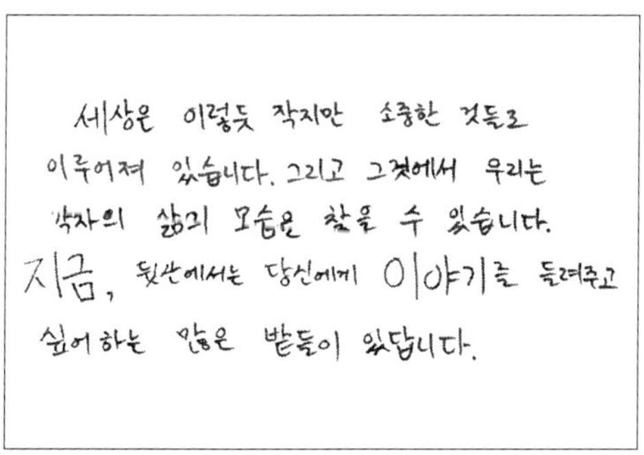

세상은 이렇듯 작지만 소중한 것들로 이루어져 있습니다. 그리고 그것에서 우리는 각자의 삶의 모습을 찾을 수 있습니다. 지금, 뒷산에서는 당신에게 이야기를 들려주고 싶어 하는 많은 밭이 있답니다.

이 그림책은 고등학교 1학년 학생이 원예활동에서 자신의 작은 텃밭을 일구며 느낀 것을 표현한 것이다. 자연은 우리에게 언제나 깊은 가르침을 주는 위대한 존재다. 도시농업은 자연을 잊고 살아가는 우리들에게 조그만 화분을 키우며 행복한 삶을 이끌어나갈 수 있게 할 것이다. 지금, 여기에서 우리의 작은 실천이 모여 더 푸르고 밝은 미래를 만들어 갈 수 있다.

참고문헌

곽병화(1995). 화훼원예총론. 서울: 향문사.

곽혜란, 곽병화(2002). 실외정원 및 야생식물의 실내생육 적응성에 관하여. 한국 식물 · 인간 · 환경학회지, 2(2), 9-13.

곽혜란, 이종석(1999). 실내조경의 일반적 제기능에 관한 연구. 한국실내조경협회지(실내조경), 1(1), 87-95.

구승회(2001). 생태철학과 환경윤리. 서울: 동국대학교출판부.

권영휴, 김선혜(2001). 아파트 발코니 실내조경 조성을 위한 기초환경 연구. 한국 식물 · 인간 · 환경학회지, 3(2), 5-11.

권오상 외(2003). 농업 및 농촌의 유지에 의한 도시혼잡비용 감소효과의 계측. 한국농업경제학회, 44(1), 153-173.

권용우 외(2004) 도시의 이해. 서울: 박영사.

글로벌 비즈니스 네트워크 회원들(2005). What's Next? 2015(이주형 역). 서울: 청년정신.

김남조(2004). 농촌어메니티 개념과 관광현상 구성요소를 이용한 농촌관광정책의 방향. 한국관광학회, 28(1), 263-281.

김대희, 이채식(2004). 지속가능한 사회를 위한 지역사회 생태적 접근. 한국농촌지도학회, 11(1), 161-174.

김동준(2002). 도시녹화환경이 주택가격에 미치는 영향. 한국산림경제학회, 1(10), 8-19.

김동후(2002). 도시녹지환경이 주택가격에 미치는 영향: 서울시 아파트를 중심으로. 산림경제연구, 10(1), 8-19.

김미선, 서정근(2001). 재소자를 위한 직업훈련 현황 및 원예치료 도입. 한국 식물 · 인간 · 환경학회지, 4(2), 37-43.

김선혜 외(2003). 고층 아파트 간이화단에서의 식물 생육에 관한 기초 실험 연구. 한국 식물 · 인간 · 환경학회지, 5(1), 73-80.

김수봉 외(2002). 환경친화적 도시와 도시농업. 환경과학논집, 7(1), 77-91.

김영진(1999). 한국농업의 진단과 개혁과제. 서울: 당대.

김용옥(1998). 동양학 어떻게 할 것인가. 서울: 통나무.
김은자 외(2002). 농촌의 공익적 가치 향상에 관한 연구. 농업과학기술원 농촌생활연구소.
김정훈 외 5인(2002). 역사 속의 환경설계 2002. 서울: 도서출판 누리에.
김종숙 외 (1994). 농업에 대한 국민의식과 사회적 인식 제고 방안. 한국농촌경제연구원.
김종천 외 3인(1997). 과수원예특론. 향문사.
김철홍(1996). 쾌적한 환경을 위한 발상의 전환. 대한국토도시계획학회, 15(1), 2-4.
김춘동(1996). 농업의 위기와 대안. 한국문화인류학, 29(1), 131-167.
김태곤(2002). 농촌지역 특성과 지원정책 방향. 농업 · 농촌의 공익적 기능 가치 평가와 활용 심포지엄 발표록.
김판석, 사득환(1998). 지속가능한 발전에 대한 이해와 개념정립. 한국정치학회, 32(4), 71-89.
김학열(2003). 도시환경인자에 따른 대기온도 변화 연구. 대한국토도시계획학회, 38(5), 259-269.
나승일(1997). 초등실과교육연구의 내용과 방향. 한국실과교육학회지, 30(1), 43-62.
나승일(1999). 정보화 사회의 초, 중, 고등학생들을 위한 교양농업교육의 내용에 관한 연구. 한국농업교육학회, 31(1), 21-42.
나승일 외(2000). 주말농장 참여의 교육적 가치에 관한 연구. 한국농업교육학회, 32(2), 141-160.
나승일, 서우석(2002). 초, 중, 고등학교 교양농업교육을 위한 농업관련교과의 연계방안 연구. 한국농업교육학회, 32(1), 27-52.
농업과 환경 편찬위원회(2003). 농업과 환경. 경북대학교 출판부.
농업과학기술원 농촌생활연구소(2002). 농촌 · 농업관광 프로그램 개발 연구. 농업과학기술원 농촌생활연구소.
농촌진흥청 원예연구소, 건국대학교 원예학과(2003). 식물, 인간, 환경. 농촌진흥청 원예연구소.
농촌진흥청(1995). 주요작목영농순기표. 농촌진흥청.
농촌진흥청(2003). 농업의 다원적 기능에 관한 가치 평가 연구. 농촌진흥청.
농촌진흥청(2004). 부분별 가구당 소득 비교. 농촌진흥청 농특위 보고자료.
농촌진흥청(2004). 숨어 있는 채소 · 과일의 매력. 농촌진흥청 원예연구소.
농촌진흥청(2004). 원예작물. 농촌진흥청.
농촌진흥청(2004). 농촌전통테마마을 사업 중간 평가회. 농촌진흥청.
농촌진흥청(2004). 새해 영농설계교육 원예작물. 농촌진흥청.
농촌진흥청(2004). 화훼 이용 연구 추진 계획. 농촌진흥청 원예연구소.
농촌진흥청(2004). 원예치료의 적용과 효과-국내외 연구결과. 농촌진흥청 원예연구소.

농촌진흥청(2005). 장수사회 농업 · 농촌의 가치조명. 농촌진흥청.
농촌진흥청(2005). 원예치료. 농촌진흥청.
농촌진흥청 농업과학기술원(2004). 농촌 어메니티. 농촌진흥청 농업과학기술원.
도쿠노 가진(2002). 무농약 건강채소 기르기(장광진 역). 서울: 동학사.
류병열(2003). 아파트 베란다 건조화단용 활용가능 자생화종 선발. 한국 식물 · 인간 · 환경학회지, 5(2), 11-18.
마츠키 게이코(2001). 건강채소 60종(이광식 역). 서울: 동학사.
민승규 외 3인(2003). 벤처농업 미래가 보인다. 서울: 삼성경제연구소.
박은식 외(2000). 농촌의 공익적 가치향상에 관한 연구. 농촌진흥청.
박영숙, 이수장(2005). 인간 그리고 환경. 서울: 경인문화사.
박용남(2002). 꿈의 도시 꾸리찌바. 서울: 이후.
박이문(2002). 환경철학. 서울: 미다스북스.
박준근 외 6인(2003). 인류의 식량. 전남대학교 출판부.
박진도(2003). 인류의 식량.
반덕진(2005. 5. 26.). 희망을 찾는 농업 살리기〈4〉-농업 · 농촌의 위기와 상생의 길. 프레시안.
방기혁(2002). 농업의 인식 증진을 위한 초등학교 교양농업교육의 새로운 접근. 한국실과교육학회지, 15(2), 189-206.
방기혁(2002). 초등 교양농업교육에 대한 학생들의 인식과 학습환경과의 관계 분석. 한국농업교육학회, 34(1), 31-49.
배공영 외(1998). 관엽식물에 의한 대기오염물질의 정화. 한국원예치료연구회 학술심포지엄, 1, 235-253.
변병설(2003). 도심 속의 전원도시. 환경영향평가, 38(411), 118-128.
변병설, 이병준(2002). 쾌적한 도시 환경을 위한 녹지 확보 방안. 한국환경정책 평가연구원 연구보고서. KEI-WO-09.
사공용(2004). WTO 체제하에서 농업정책. 서울: 서강대학교 출판부.
서정근(1998). 생활원예 이야기. 서울: 단국대학교 출판부.
서정근, 이애경(2005). 아파트 베란다 정원에 이용되는 화훼식물의 기능 및 효과. 한국실내조경협회.
성진근 외 3인(2004). 한국의 농업정책 틀을 바꾸자. 삼성경제연구소.
손기철(2004). 실내 식물이 사람을 살린다. 서울: 중앙생활사.
쓰노 유킨노(2003). 이 땅에서 농업을 하는 의미(윤성희 역). 흙살림연구소.
안봉원 외 6인(2000). 조경계획론. 서울: 문운당.

안윤수 외(2002). 농촌의 공익적 기능 평가 연구. 농업과학기술원 농촌생활연구소.
안윤수(2005). 농촌의 사회. 문화적 공익기능의 가치 평가.
야마자키 미쓰히로 외(1997). 녹색관광. 서울: 일신사.
오규식 외(2002). 지속가능한 도시환경을 달성하기 위한 통합적 도시 수용력 평가체제 수립. 대한국토도시계획학회, 37(5), 7-26.
오대민(2004). 원예치료의 사회복지정책 도입을 위한 연구. 제주대학교 대학원 박사학위논문.
오대민(2005. 6.). 식물 · 인간 · 환경과 조화로운 도시농업 전개. 한국 식물 · 인간 · 환경학회지.
이상영(2002). 농촌경관의 가치평가에 대한 한 · 일 비교. 농업 · 농촌의 공익적 기능 가치 평가와 활용 심포지엄 발표록.
이연숙(2003). 실내환경 심리행태론. 서울: 연세대학교 출판부.
이용기(2004). 농산물 무역자유화와 지속가능한 발전의 조화: NTC와 최적 시장개방. 농업경제연구, 45(2), 29-53.
이중환 (1993). 택리지. 을유문화사.
이정식 외(1998). 도시환경조성을 위한 옛 농작물 선발. 한국원예학회지, 39(6), 849-853.
이철수(2001). 우리 농작물 백 가지. 서울: 현암사.
이태근(2004). 우리나라 친환경 농업의 현황과 앞으로 나아갈 길. 사단법인 환경농업단체 연합회.
이혜진, 심우경(2001). 원예치료가 치매치유에 미치는 영향. 한국 식물 · 인간 · 환경학회지, 4(2), 45-53.
이효원(2004). 생태유기농업. 서울: 한국방송통신대학교출판부.
임승빈(2001). 환경심리 행태론. 서울: 보성문화사.
임형백(2000). 농촌도시화의 역기능 연구. 농촌계획학회지, 6(2), 34-43.
임형백, 이성우(2004). 농촌사회의 환경과 기능. 서울: 서울대학교출판부.
장현갑, 변광호(2005). 몸의 병을 고치려면 마음을 먼저 다스려라. 서울: 학지사.
장회익(2002). 과학과 메타과학. 서울: 지식산업사.
장회익(2004). 삶과 온생명. 서울: 솔.
재단법인 도시녹화기술개발기구(2002). 도시 생태네트워크 계획(이승은, 홍선기 공역). 서울: 시그마프레스.
전경원, 김지연(2004). 오감과 지성으로 창의성 키우기. 서울: 창지사.
전국농업기술자협회(2002). 도 · 농 녹색교류 경영. 2002 여름 농민 대학. 전국농업기술자협회.
전영미 외(2003). 도시민의 선호를 바탕으로 한 농촌마을의 관광자원 실태와 정비 방향. 한국농촌계획학회지, 9(1), 55-65.
정광호(2005). 경영우언. 매일경제신문사.

정대연(2003). 지속가능한 발전의 사회학적 고찰. 환경영향평가, 12(1), 55-72.

정세근(2002). 노장철학. 서울: 철학과 현실사.

정영선(1997). 서양조경사. 서울: 명보문화사.

조현길(2003). 도시녹지의 대기환경개선 효과. 한국조경학회지, 31(3), 83-91.

진흥복(1986). 최신 농업경영학. 서울: 선진출판사.

차명제(2005). 환경. 서울: 아르케.

최경옥, 방광자, 이진희(1999). 이용자의 기능만족도와 시각선호도를 반영한 실내조경에 관한 연구. 한국실내조경협회지(실내조경), 1(1), 37-43.

최병대(2000). 우리나라 도시문제의 근인과 원인. 대한지방행정공제회, 35(384), 103-111.

최병두 외 공저(2003). 현대 환경문제의 재인식. 서울: 한울 아카데미.

최승(1998). 도시농업을 이용한 공한지의 활용방안에 대한 연구. 서울대학교 환경조경학과 대학원 석사학위논문.

최영애(2000). 아동을 위한 원예치료 프로그램 개발과 효과에 관한 연구. 건국대학교 석사학위논문.

최영애(2003). 원예치료. 서울: 학지사.

최지용(2004). 도시 환경관리 측면에서의 우수활용 필요성과 효과. 대한지방행정공제회, 39(428), 11-22.

표정훈(2003). 책은 나름의 운명을 지닌다. 궁리.

하성규 외 3인(2003). 지속가능한 도시론. 서울: 보성각.

허무룡, 이상훈, 박중춘(2004). 인공식물섬에서 Grow-bag을 이용한 몇 가지 초화류의 생육조사 연구. 한국 식물 · 인간 · 환경학회지, 7(4).

허정희 외(1999). 오염물질 지표로서 실내조경식물에 관한 연구. 한국 식물 · 인간 · 환경학회지, 1(1), 79-85.

홍정, 박천호(2000). 광도에 따른 4종의 실내 관엽식물의 벤젠제거 효과. 한국 식물 · 인간 · 환경학회지, 2(2), 43-49.

Adeyemi, Abiola et al. (1997). *Urban Agriculture: An Abbreviated List of References and Resurce Guide*. Beltsville, MD: USDA, ARS, National Agricultural Library.

Allen, J. (1988a). *Gardening as a second language*. National Gardening, National Gardening Association, Burlingtion, VT. october.

Allen, J. (1988a). Gardening proup: At the busy bees 4-H youth garden in litteton, Colorado, kids reap barast of flowers. vegetable and selfesteem. National Gardening

National Gardening Association, Burlington, VT. March.

Austun, R. (2004). *The Art and of Desk Top Gardening*. ISHS, August 2004, pp. 223-228.

Barry, J. (2004). 녹색사상사-루소에서 기든스까지(추선영, 허남혁 공역). 서울: 이매진.

Bradley, C. (1996). *Gardening Projects for kids*. Hermes house.

Brown, L. R. (1999). 식량대란(박진훈 역). 서울: 도서출판 한솔.

Brown, L. R. (2003). 에코 이코노미(김윤성 외 공역). 서울: 도요새.

Brown, L. R., & Kane, H. (1997). 풀 하우스(김성문 외 공역). 서울: 도서출판 따님.

Bruce, H., & Folk, T. J. (2003). *Garden Projects for the Classroom & Special Learning Programs*. Petals & Pages Rio Rancho, NM87124.

Callicot, B. (2004). 자연은 살아 있다(윤미연 역). 서울: 창해.

Capra, F. (1992). 현대 물리학과 동양사상(이성범, 김용정 공역). 서울: 범양사.

Capra, F. (1993). 새로운 과학과 문명의 전환(이성범, 구윤서 공역). 서울: 범양사.

Capra, F. (1998). 생명의 그물(김용정, 김동광 공역). 서울: 범양사.

Capra, F. (1999). *The challenge for education in the next Century*. Liverpool Schumacher Lectures.

Capra, F. (2002). 히든커넥션(강주헌 역). 서울: 휘슬러.

Carlson, N. R. (1998). 생리심리학의 기초(김현택 외 공역). 시그마프레스.

Carlson, R. (2002). 침묵의 봄(김은령 역). 서울: 에코리브르.

Carlson, R. (2004). 잃어버린 숲(김선영). 서울: 그물코.

Collingwood, R. G., & George, R. (2004). 자연이라는 개념(유원기 역). 서울: 이제이북스.

Csikszentmihalyi, M. (2004). *Flow*(최인수 역). 서울: 한울림.

Davis, D. (2002). 대기오염 그 죽음의 그림자. 서울: 에코 리브르.

Davis, S. (1986). Involvement, diversity and repetition: The keys to developing achildren's garden. *People plant connection Vol. 13*. Issue 3 March.

Devries, R., & Kohlberg. L. (1987). *Programs of early education The Construottvist view*. Longman Inc, N. Y.

Edward, T. H. (1993). 보이지 않는 차원. 서울: 세진사.

Fagan, B. (2002). 기후는 역사를 어떻게 만들었는가(윤성옥 역). 서울: 중심.

Giddens, A. (1998). 현대 사회학(김미숙 외 역). 서울: 을유문화사.

Gore, A. (2000). 위기의 지구(이창주 역). 서울: 삶과 꿈.

Greenfield, S. (2004). 브레인 스토리(정병선 역). 서울: 지호.

Harris, R. W. (1992). *Arboriculture* (pp. 4-14). Prentice-Hall.

Hart, A., & Mantell, P. (1996). kids Garden. williamson publishing co, vermont.

Hewson, M. L. (1994). *Horticulture as Therapy*. Guelph, Ontario Canada.

Hough, M. (2003). 도시경관 · 생태론(오구균 외 공역). 서울: 기문당.

Janick, J. (1992). *Horticulture and human culture* (pp. 19-27). In: D. Relf (ed.). The role of horticulture in human well-being and social development. Timber Press.

Joseph, N. (1972). 중국의 과학과 문명 Ⅱ(이석호 외 공역). 서울: 을유문화사.

Kaplan, R. (1973). Some psychological benefits of gardening. *Environmental Behavior, 5,* 145.

Kaplan, S. (1992). The restorative environment: nature and human experience (pp. 134-142). In: D. Relf (ed.). *The Role of horticulture in human well-being and social development,* Timber Press, Portland, Ore.

Lomborg, B. (2003). 회의적 환경주의자(홍욱희, 김승욱 공역). 서울: 에코리브르.

Maslow, A. H. (1970). *Motivation and Personality* (2nd ed.). New York: Harper Row.

Maslow, A. H. (1996). 존재의 심리학(이혜성 역). 서울: 이화여자대학교출판부.

Matsou, E. (2004). *Humanity in Horticulture.* 8th IPPS 발표자료(미발간).

Matt, R. (2004). 본성과 양육(김한영 역). 서울: 김영사.

Mazza, G. (2004). *Diet and Human Health: Fundamental Foods to Reduce Disease Risks.* ISHS, August 2004, pp. 161-172.

McIntosh, R. (2002). 생태학의 배경(김지홍 역). 서울: 아르케.

Merchant, C. (2001). 래디컬에콜로지(허남혁 역). 서울: 이후.

Monterusso, M. A., & Rowe, D. B. (2004). *Runoff Water Quantity and from Green Roof Systems.* ISHS, June 2004, pp. 369-376.

Moore, R. C. (1993). *Plants for Play.* Berkeley, California Communications.

Odum, E. (2002). 생태학(이도원 외 공역). 서울: 사이언스북스.

Osborne, D. J., & Sandera, D. C. (2004). *Fresh Produce Food Safety Training Program for the Southeastern United States.* ISHS, June 2004, pp. 331-338.

Patricia, H., & Howe, H. G. (2004). Urban Horticulture in the Contemporary United States: Personal and Community Benefits. *ISHS Acta Horticulturae, 643,* 1(41), 171-181.

Paul, C. (1999). 학습과 행동(박소현, 김문수 공역). 서울: 시그마프레스.

Poster, J. (1996). 환경혁명(조길영 역). 서울: 동쪽나라.

Relf, D. (1979). Horticulture : A Therapeutic Tool. Rehab. *Lit, 39*(1), 27-29

Relf, D. (1981). Dynamics of horticultural therapy. Rehab. *Lit, 42*(5-6), 147-150.

Relf, D. (1992). Human Issues in horticulture. *HortTechnology, 2*(2), 159-171.

Relf, D. (1998). The role of horticulture in human well-being and quality of life. Korean Society for Plants, *People and Environment, 1*, 12-21.

Relf, D., & Lohr, V. (2003). Human Issues in Horticulture. *HortScience, 38*(5).

Richard, R. (2004). 새로운 뇌(임종원 역). 서울: 휘슬러.

Robert, L. (1994). 지속가능한 경관론(양병이, 장병관 공역). 서울: 태림문화사.

Schertenleib, R. (2004). An Integrated Approach to Environmental Sanitation and Urban Agriculture. *ISHS Acta Horticulturae, 643*, 1(41), 223-231.

Schirrmacher, F. (2004). 고령사회 2018. 서울: 나무생각.

Schumacher, E. F. (1988). 작은 것이 아름답다(김진욱 역). 서울: 범우사.

Simonds, J. O. (1999). 조경학(안동만 역). 서울: 보문당.

Smit, J. et al. (1996). *Urban Agriculture: Food, Jobs, and Sustainable Cities.* New York: United Nortions Development Programme.

Steen, S., & Blacquiere, T. (2004). Honey Bees as Aid in Improving Labour Conditions in Sweet Bell Pepper. *ISHS, Acta Horticulturae, 639*, June 2004, pp. 355-358.

Stewart, I. (1996). 자연의 수학적 본성(김동광 역). 서울: 동아출판.

Strauch, B. (2004). 십대들의 뇌에서는 무슨 일이 벌어지고 있는가?(강수정 역). 파주: 해나무.

The worldwatch Instiute (2005). 바이탈 사인(환경정책 연구회 역). 서울: 도요새.

The Worldwatch Institute (2005). 지구환경보고서 2005(생태사회연구소 진상현 외 공역). 서울: 도요새.

Thomas, E., & Cyutzen, G. J. (1999). 기후변동(김경련, 이강웅 공역). 서울: 사이언스북스.

Ulrich, R. S. (1981). Natural versus urban scences: some psychological effects. *Environmental Behavior, 13*, 523-556.

Ulrich, R. S. (1984). View through a window may influence recovery from surgery. *Science 224*(4647), 420-421.

Ulrich, R. S., & Parson, R. (1992). Influence of passive experience with plants individual well-being and health. In: D. Relf (ed.). *The Role of horticulture in human well-being and social development*. Timber Press, Portland, Ore.

University of Wisconsin. (2005). *Urban and regional Planning department Presents.* Ecoplanit Madison. Literature Review.

Valent, G. (2004). 10년 일찍 늙는 법 10년 늦게 늙는 법. 서울: 숲과 나무.

Valis, D. (1996). 학문의 구조 사전. 더난 출판사.

Walter, J. F. (2000). *How Brains Make up Their Minds U. S. A.* Weidenfeld and Nicolson LTd, London.

Weil, A. (1997). 최상의 건강으로 가는 8주간의 전략(이은선 역). 서울: 홍익출판사.

William, H. I. (1995). 환경심리학(윤홍섭 역). 서울: 성원사.

Wolverton, B. C. (2004). 웰빙 실내 공기정화 식물(부희옥 외 공역). 서울: 문예마당.

Worster, D. (2002). 생태학 그 열림과 닫힘의 역사(강헌 외 공역). 서울: 아카넷.

Yoshida, T. (2002). 생태도시 아바다의 탄생(안철환 역). 서울: 들녘.

http://www.go2vil.org

http://news. naver. com/print_form.php?office_id=001&article_id=0001...

http://news. naver. com/print_form.php?office_id=023&article_id=0000...

http://news. naver. com/print_form.php?office_id=086&article_id=0000...

http://news. naver. com/print_form.php?office_id=088&article_id=0000...

http://www.un.org/documents/ga/conf151/aconf15126-1annex1.htm. Report of the nations conference on environment and development.

http://www.undp.org/

http://dolefruit.co.kr/5aday/color-02.html

http://extension.usu.edu/aitc/index.html

http://www.un.org/documents/ga/conf151/aconf15126-1annex1. htm. UnitedNations(2005). General Assembly. A/Conf. 151/26 (Vol. 1).

http://www.agclassroom.org/

http://www.cityfarmer.org/

http://www.foodsecurity.org/urbanag.html

http://www.gally.com/

http://www.nal.usda.gov/afsic/AFSIC_pubs/urbanag.htm

http://www.seattletilth.org/

http://www.ssu.missouri.edu/SSU/AGED/naerm/s-i-2.htm

저자 소개

▣ 오대민(吳大民)

1959년, 제주도 서귀포 출생
제주대학교 대학원 농학 석사, 박사
단국대학교, 도시농업 담임교수(2006)
제27회 국제원예학회 조직위원회 전시위원회 간사(2006)
미국 Kansas State University Visiting Professor(2007~2009)
미국 K-State Research and Extension Master Gardener(2008)
저서: 미시 주부의 생활원예(2000), 생활원예(2003), 국화예술(2004) 등
논문 게재 및 발표: 원예치료의 사회복지 정책 도입을 위한 연구 외 46편
수상경력: 신지식 공무원 수상(2000), 모범 공무원 수상(2001) 다수
현 농촌진흥청 도시농업팀(농촌지도관)
한국인간식물환경학회 이사
한국원예치료복지협회 상임이사 및 대외협력 이사
한국실내조경협회 상임이사
한국도시농업연구회 창립위원
도시농업 포럼 창립 준비위원
카페 http://cafe.daum.net/UrbanAgriculture

▣ 최영애(崔永愛)

숙명여자대학교 가정대학 졸업
숙명여자대학교 교육대학원 유아교육 전공 교육학 석사
미국 Chicago DePaul University Montessori teacher basic training course 수료
미국 Huston University Constructive Education course 수료
건국대학교 농축대학원 원예치료 전공 농학 석사
단국대학교 대학원 원예치료 전공 원예치료학 박사
저서 및 역서: 『원예치료』(학지사, 2003), 『치유의 풍경』(공역, 학지사, 2010), 『원예치료 방법』(역, 학지사, 2010)
학술 논문: 「원예치료 실행에서 식물양육에 대한 이론적 모델」 「부모의 양육스트레스 경감을 위한 원예치료 프로그램 개발과 효과에 관한 연구」 「실행에서 찾아낸 원예치료의 평행적 주제들」 외 다수
현 최영애 원예치료연구소장
단국대학교, 서울여자대학교, 서울교육대학교 출강
대한원예치료협회 회장
홈페이지: www.choiyoungae.com
카페 네이버 카페/대한원예치료협회

자연과의 만남으로
나와 세상을 치유하는

도시농업

2006년 1월 10일 1판 1쇄 발행
2020년 10월 20일 1판 5쇄 발행

지은이 • 오대민 · 최영애

펴낸이 • 김진환

펴낸곳 • (주) 학지사
04031 서울특별시 마포구 양화로 15길 20 마인드월드빌딩
대표전화 • 02) 330-5114 팩스 • 02) 324-2345
등록번호 • 제313-2006-000265호

홈페이지 • http://www.hakjisa.co.kr
페이스북 • https://www.facebook.com/hakjisabook

ISBN 978-89-5891-200-2 03520

정가 12,000원

저자와의 협약으로 인지는 생략합니다.
파본은 구입처에서 바꾸어 드립니다.